CLAUDIA SISSI JUNG

Wellen-sittiche

HALTUNG
BESCHÄFTIGUNG
VERHALTEN
GESUNDHEIT

MIT KOSMOS MEHR ENTDECKEN
NATUR NAH & TIER GERECHT
SEIT 1822

KOSMOS

Inhalt

Historie

— Die Geschichte der Wellis

Ein kleiner Papagei erobert die Welt

Seit vielen Jahrzehnten wird der Wellensittich zu Millionen auf der ganzen Welt gehalten. Er gilt als ein vermeintlich anspruchsloser Vogel, mit der angeblich drolligen Begabung, die menschliche Sprache nachzuahmen.

So weckte der Wellensittich bei unzähligen Menschen den Wunsch, ihn als Haustier zu halten. Seine leicht zu zähmende Art, ihn auf den Menschen zu prägen, erzeugte Begehrlichkeiten. Einen tierischen, immer gut gelaunten Kumpel und treuen Begleiter an der Seite zu haben, schuf Sehnsüchte. Zugleich verbreitete und festigte sich bis heute die Auffassung einer scheinbar überaus einfachen und kostengünstigen Haltung, die kaum Aufwand und Zeit in Anspruch nimmt. Dieses Image hat den kleinen Sittich in der Beliebtheit unter den Ziervögeln zum immerwährenden Verkaufshit gemacht.

MUNTERE GESELLEN

Kein Wunder, denn mit seiner aufgeweckten Art, seinem fröhlichen Gezwitscher, seinen gewagten Flugmanövern und seinen akrobatischen Turneinlagen gibt es immer etwas zu entdecken, zu lachen und zu bestaunen. Gerade im Wellensittochschwarm kommt es zu Eifersuchtsdramen, großer Liebe, engen Freundschaften und kleinen Meinungsverschiedenheiten.
Durch seine gute Laune, seine Intelligenz und sein nettes Aussehen hat sich der kleine Krummschnabel in die Herzen vieler Menschen geschlichen.

HALTUNG EINST ...

Schon in der Vergangenheit stand der sprechende Clown weit oben auf der Wunschliste und fristete in Wahrheit ein kümmerliches Leben: ein winziger Käfig mit leicht zu reinigenden Plastikstangen, einer Schaukel zum Schlafen, etwas Vogelsand mit Grit und Sepiaschale. Vorwiegend auch in obligatorisch empfohlener Einzelhaltung – damit er sich leichter zähmen lässt und sich eng „seinem“ Menschen anschließt. Ein Spiegelchen oder Plastikkumpel im Käfig, im Zuge dessen er sich nicht allein fühlen sollte, wenn sein Halter weg war. Eine Vogelfuttermischung, ein Schälchen Wasser, hin und wieder eine Apfelspalte oder ein Salatblatt. Somit war die Basis mit geringen Mitteln für das neue Vögelchen geschaffen, das Freude in die Familie bringen sollte. Manch einer wird diese Haltungsform noch vor Augen haben. Gerade bei älteren Menschen fristeten die Wellis ein einsames Leben in einem viel zu kleinen Vogelbauer. Das Leid dieser Wellensittiche, die mit dieser Haltungsform einhergeht, ist für den Vogelbesitzer nicht immer leicht erkennbar oder wird falsch gedeutet, denn der Vogel wird immer versuchen, das Beste aus seiner misslichen Lage zu machen und zeigt, sofern möglich, sein Verhalten.

Nie allein: Wellensittiche sind Schwarmvögel und brauchen Artgenossen, um glücklich zu sein.

FEDERN GELASSEN

Allerdings gingen die Entbehrungen jener Vogelhaltung voll zu seinen Lasten, weswegen er (lt. Deutschem Tierschutzbund) zu den am häufigsten gequälten Haustieren Deutschlands zählt. Seine Bedürfnisse, als Schwarmtier mit seinesgleichen seiner Lebensweise folgen zu können, fanden zu wenig Beachtung und wurden gänzlich unterschätzt: Einsamkeit, Isolierung von Artgenossen, Fehlprägung auf den Menschen, tierschutzwidriges Zubehör, falsche und einseitige Ernährung, kaum Bewegungsmöglichkeiten sowie ein eintöniger und reizarmer Lebensraum waren sein Schicksal. Sein Talent – motiviert aus Ermangelung eines arteigenen Partners heraus –, die menschliche Sprache nachzuahmen, wurden bestaunt und begeisterten die Menschen. Und gipfelten in gefeierten Wortschatz-Rekorden des begabten Sprachgenies.

DIE ZEITEN ÄNDERN SICH

Doch zum Glück ändern sich die Zeiten, veraltete Ansichten werden kritisch hinterfragt, neue wissenschaftliche Erkenntnisse und Erfahrungen in der Heimtierhaltung gelangen zum Vorschein. Sie helfen uns, dazuzulernen, uns weiterzuentwickeln und dieses Wissen den gefiederten Mitbewohnern zugutekommen zu lassen. In der heutigen Haustierhaltung werden die Bedürfnisse unserer tierischen Gefährten wertgeschätzt und ernst genommen, sie werden anerkannt und geachtet. Die meisten Halter möchten über die Anforderungen einer tiergerechten Haltung genau Bescheid wissen und pflegen einen würde- und respektvollen Umgang mit ihren Tieren.

Dieses Buch soll einen vielfältigen Einblick geben, das Verhalten und die Ansprüche der Wellensittiche kennen- und verstehen zu lernen. Nur wenn wir sie richtig einschätzen können, können wir ihnen eine möglichst artgerechte Umgebung anbieten.

Die Tiere empfinden wie der Mensch Freude und Schmerz; Glück und Unglück; sie werden durch dieselben Gemütsbewegungen betroffen wie wir.

Charles Darwin

Mit Schwarmkollegen herrscht Leben in der Bude.

ARTGERECHTE HALTUNG

Wellis zählen zu den Papageienvögeln, die für eine hohe Intelligenz bekannt sind. Im Gegensatz zu ihren wilden Verwandten, deren Umwelt ihnen vielseitige Herausforderungen abverlangt, haben Hauswellensittiche viel mehr „Freizeit“ und sind ohne Beschäftigungsmöglichkeiten unterfordert. In einer eintönigen Haltung verkümmern sie und entwickeln oft Verhaltensstörungen. Sie brauchen eine Unterbringung, die Platz, Abwechslung und Spannung bietet, die ihre faszinierenden Fähigkeiten und ihr vielfältiges, komplexes Sozialverhalten unter Artgenossen fördert und den Raum zur Entfaltung gibt. Wer einmal erlebt hat, wie fröhlich und gesellig eine Wellensittichgruppe in einem tiergerechten, abwechslungsreichen Umfeld auflebt, will sich eine eingeschränkte Haltung nie mehr vorstellen.

Prima, wenn man immer Beschäftigung findet.

Viele der Bedürfnisse, die Wellensittiche haben, kann man ableiten, wenn man sich Lebensraum und Lebensstil der wilden Verwandten anschaut. Welche Neigungen zeigen sie? Welchen Drang verspüren sie, was treibt sie an? Daraus lernen wir, welche Instinkte und Prägungen sie mitbringen und naturgemäß erfüllt werden wollen. Denn obwohl die bunten Gesellen schon weit über 150 Jahre und seit vielen Generationen in Menschenobhut leben, haben sich ihre Verhaltensweisen nicht geändert. Zwar haben sich gewisse Fertigkeiten der Heimvögel, wie die Fähigkeit zur Futtersuche, reduziert – ein Hauswellensittich würde kaum in freier Natur überleben – und auch ihre Fluchtdistanz gegenüber dem Menschen hat sich verringert. Dennoch sind bisher keine genetischen Veränderungen der Erbanlagen trotz ihrer Domestizierung eingetreten.

Wenn wir die Bedürfnisse unserer Vögel kennen, können wir ihr Umfeld entsprechend einrichten und damit die Voraussetzungen für ihre gesunde Entwicklung und Entfaltung herstellen. Die Natur dient uns bei alledem als Vorbild. Dass dabei nicht alles imitiert werden kann und soll, ist klar. Belastende Stresssituationen, wie von Feinden gejagt zu werden, extreme klimatische Bedingungen oder Hungers- und Wassernöte sind in der Heimtierhaltung tabu, während sie in freier Wildbahn unabänderlich sind und zum Naturkreislauf gehören.

Eine artgerechte Haltung ist die Basis, damit sich unsere Vögel wohlfühlen können. Dazu zählen Sozialkontakte mit Artgenossen, große Volieren, ausgiebige Freiflugmöglichkeiten, abwechslungsreiche Ernährung, Tageslicht und frische Luft. Ein stressfreies und stimulierendes Umfeld mit Freisitzen, Sitzstangen aus Naturästen, Spielzeugen und Beschäftigungsmöglichkeiten aus natürlichen Materialien zum Entdecken, Klettern, Erkunden und Benagen sind dabei unerlässlich.

Wilde Wellis

Australien, der weit entfernte, fünfte Kontinent mit seinen lebensfeindlichen, kargen Wüsten ist die Heimat der wildlebenden Wellensittiche.

VORKOMMEN UND VERBREITUNG

Drei verschiedene Klimazonen durchziehen das Land von Norden nach Süden: der tropische Norden, der subtropische Bereich, der ins Landesinnere übergeht und schließlich die gemäßigte Zone, die sich am Rande des Südens befindet. Vorzugsweise fernab der eng besiedelten Gebiete, im Outback und deren angrenzenden Arealen, trifft man am häufigsten auf die freilebenden Vorfahren unserer domestizierten Wellensittiche. Das Verbreitungsgebiet der Wellensittiche ist riesig und erstreckt sich fast über ganz Australien, lediglich die Küstenregionen und dicht bewachsenen Wälder werden gemieden.
Die Sittiche leben als Nomaden in einem dürren und lebensfeindlichen Umfeld voller Herausforderungen. Sobald kein Futter mehr vorhanden ist, ziehen sie weiter. Zu diesem Zweck finden sie sich zu riesigen Schwärmen zu hunderten, oder mitunter gar tausenden zusammen, um sich auf die Suche nach neuen Nahrungs- und Wasserquellen aufzumachen. Im Frühling treibt es die wandernden Papageien in den gemäßigten Süden, vermutlich, weil sie dort nach dem Winterregen stets eine fruchtbare Landschaft vorfinden.
Nicht enden wollende, karge Wüsten prägen das Bild Australiens. Dennoch wachsen fast überall einzelne spärliche Sträucher, Büsche und Eukalyptusbäume, die typische Pflanzenwelt der Steppe. Ausgedehntes Grasland mit salztoleranten Stachelkopfgräsern, auch Spinifex genannt, bedecken weitläufige Flächen im Outback. Wasser ist Mangelware und ein kostbares Gut. Tagsüber steigen die Temperaturen oft auf über 40 °C, in der Nacht können sie bis zum Gefrierpunkt abfallen.
Diese extremen Lebensbedingungen sind nicht gerade das Paradies für ihre tierischen Bewohner. So haben sich die Wellensittiche zu robusten Überlebenskünstlern mit einer erstaunlichen Anpassungsfähigkeit an ihren Lebensraum entwickelt.

NOMADEN IN RIESIGEN SCHWÄRMEN

Unter guten Bedingungen und reichhaltigem Nahrungsangebot leben die Wellensittiche in eher kleineren Gruppen von etwa 10 bis 50 Tieren zusammen. Versiegt das Futterangebot, müssen sich die Wandervögel wieder auf den Weg machen, um neue Plätze zu finden, die Nahrung bereithalten. Dazu schließen sich viele Gruppen zu einem großen Schwarm zusammen, um gemeinsam auf die Suche zu gehen. Doch nicht nur auf der Wanderung verbinden sich die kleinen Australier zu Großschwärmen. Auch wenn das Land von lang anhaltenden Dürren heimgesucht wird, vereinigen sich die Sittiche zu imposanten Ansammlungen. Vermutlich steigert es die Chance, Nahrung- und Wassergebiete effektiver aufzuspüren, was wiederum das Überleben sichert.

GESCHICKTE FLIEGER

Die ausdauernden Flieger sind imstande, weite Strecken zurückzulegen und beeindruckende Geschwindigkeiten von bis zu 120 km in der Stunde zu erreichen. Die Kurzstreckenflieger können bis zu drei Stunden am Stück in der Luft bleiben und legen dabei eine Entfernung von 100 Kilometern zurück. Mit ihrer leichten Körperbauweise und der aerodynamischen Form sind sie bestens für das Fliegen ausgestattet, das ihr wichtigstes Fortbewegungsmittel ist. Ein riesiger Schwarm am Himmel offenbart erst die atemberaubend schönen und gekonnten Flugformationen, der überaus wendigen und pfeilschnellen Federlinge. Plötzliche Richtungswechsel und Wendemanöver werden von den Artgenossen blitzschnell wahrgenommen und von den Schwarmkollegen gewandt koordiniert. Blickt man in den Himmel und beobachtet dieses Treiben, verschwimmen die vielen einzelnen Individuen: Der Schwarm wirkt wie ein einziger homogener Organismus, der wie eine fließende Welle am Horizont elegant umhergleitet. Ein überwältigendes Naturschauspiel, das aber auch einen bestimmten Zweck verfolgt: Hier hat selbst ein geschickter Beutegreifer aus der Luft Schwierigkeiten, ein einzelnes Exemplar zu fokussieren und in der Masse zu jagen. Auf diese Weise schützt der Schwarm die einzelnen Individuen vor Feinden.

Macht durch Masse – Das Schwarmprinzip.

Futtersuche, viele Augen sehen mehr als zwei.

NIEMALS ALLEIN

Das Schwarmleben dient nicht nur zum Schutz, es bietet vielseitige, enge, soziale Kontakte. Vom ersten Moment ihrer Geburt an sind Wellensittiche niemals allein und stets von Artgenossen umgeben. Sie füttern sich gegenseitig, kraulen sich das juckende Köpfchen und sind miteinander verbunden.
Einige Vögel beobachten immer aufmerksam, ob Gefahr für die Gruppe droht. Ist das der Fall, wird ein Warnruf ausgestoßen und der gesamte Schwarm fliegt blitzartig davon. Diese Gemeinschaft bietet ihnen Schutz und Geborgenheit. Alles wird zusammen gemacht. Entschließen sich manche Tiere, ihr Gefieder zu putzen, putzen sich die anderen kurz darauf auch. Stecken einige ihr Köpfchen ins Gefieder, um zu schlafen, ruht auch bald der Rest. Dieses enge und intensive Miteinander hat aus den Vögeln hochsoziale und äußerst gesellige Geschöpfe hervorgebracht. Sie brauchen ihresgleichen um sich herum, wie die Luft zum Atmen. Ohne Artgenossen wäre ein Wellensittich völlig verunsichert und hoffnungslos verloren. Nur in Verbundenheit zu seinen Schwarmkollegen fühlt er sich sicher und wohl, das gilt auch für jeden Hauswellensittich!

WASSER- UND FUTTERSUCHE

Als Nomaden müssen sich die Tiere jederzeit auf Unbekanntes einstellen können, um weitere Ressourcen zu ergründen. Dabei hilft ihnen ihr neugieriges Wesen, Neues und Fremdes auszumachen und zu erkunden. Auf der anderen Seite müssen sie stets Vorsicht walten lassen, um nicht als Beute von Feinden zu enden.
In den frühen Morgenstunden verlassen die Wellensittiche die Bäume, die ihnen eng nebeneinandersitzend als Nachtquartier

gedient haben, um sich auf die Futtersuche zu begeben. Meist müssen sie dazu erst eine gewisse Entfernung zurücklegen, denn die Nahrungsquellen liegen selten in unmittelbarer Nähe zu den Schlafplätzen. Für den Energiebedarf in der Nacht haben sie sich am Abend zuvor ihre Kröpfe gefüllt, dadurch sind noch ausreichend Reserven für den Morgenflug vorhanden, bis sie wieder fressen können.

Sind die Gräser zu Beginn des Tages noch feucht vom Tau oder hat es geregnet, nutzen die Vögel diese gern, um darin zu „duschen". Dabei hangeln sie sich mit aufgeplustertem Gefieder und abgespreizten Flügeln geschickt durch das erfrischende, nasse Grün. Denn nur ein sauberes und tadellos gepflegtes Gefieder ermöglicht ein meisterliches Fliegen und ist somit die beste „Lebensversicherung", um zu überleben. Kein Wunder also, das der Gefiederpflege eine wichtige Bedeutung zukommt und ihr täglich viel Zeit gewidmet wird.

GRÄSER UND GRASSAMEN

Die Wüstenvögel haben sich auf Grassamen spezialisiert und decken damit eine ökologische Nische ab. Sie ernähren sich hauptsächlich von reifen und halbreifen Saaten von Gräsern sowie deren Blüten in verschiedenen Reifestadien, wobei das Spinifex- und Mitchellgras eine herausragende Rolle spielen. Vor allem das Spinifexgras ist in den trockenen Savannen des roten Kontinents häufig und weit verbreitet. Eine magere und nährstoffarme Kost, sie reicht in Notzeiten jedoch aus, um nicht zu verhungern, während das Mitchellgras mit seinem hohen Eiweißanteil wertvolle Nährstoffe in der Brut- und Mauserzeit liefert. Dennoch wurden nahezu 40 unterschiedliche Samenarten in den Kröpfen von Wildvögeln gefunden, eine bemerkenswert hohe Saatenvielfalt für diesen kargen Lebensraum. Zudem knabbern die Papageien Rinde und Blätter einiger Eukalyptusarten an. Auch die Stängel anderer Pflanzen sowie einige Früchte stehen auf ihrem Speiseplan.

Landen die Wellensittiche zum Trinken oder Fressen auf dem Boden, laufen sie flink umher und es geht ziemlich hektisch zu. Denn hier droht die größte Gefahr, von Greifvögeln oder Schlangen geschnappt zu werden. Deshalb verweilen sie nur kurz am Boden, Hunger und Durst müssen rasch gestillt werden. Im Gegensatz zu vielen anderen Vogelarten bewegen sie sich nicht hüpfend, sondern laufend fort. Ihre Füße haben auch das typische Erkennungsmerkmal aller Papageien: Zwei Zehen befinden sich vorn, zwei hinten.

Leise, ohne Laute von sich zu geben, picken sie zügig die reifen Samen von der Erde auf oder bedienen sich an der Wasserstelle, um nicht die Aufmerksamkeit der Feinde auf sich zu ziehen. Immer auf der Hut beobachten sie genau, was in ihrer Umgebung geschieht. Werden sie von Angreifern überrascht, fliegen sie augenblicklich auf. Erkennt ein wachsamer Artgenosse frühzeitig eine drohende Gefahr, stößt er einen schrillen Warnruf aus und der Schwarm flieht blitzartig.

WASSER

Nahezu das gesamte Wasservorkommen der australischen Wüsten befindet sich unterhalb der Erdoberfläche, nicht besonders tief, jedoch so, dass es für die Tiere nicht erreichbar ist. Wasser ist ein kostbares Gut, insofern wird jede noch so kleine Wasserstelle bis hin zur Pfütze genutzt. Der Klimawandel, der sich mit länger werdenden Dürren und gleichzeitig extremeren Unwettern auswirkt, stellt eine Bedrohung für die australische Tierwelt dar. Jahrelange Trockenheit und die Zerstörung des Lebensraums durch den Menschen fordern etliche Opfer und lassen die Bestände vieler Vogelarten drastisch schrumpfen oder rotten sie gar gänzlich aus.

ÜBERLEBENSKÜNSTLER

Wenn nötig, kommen Wellensittiche allerdings mit außergewöhnlich wenig Wasser aus, eine körperliche Anpassung an ihren Lebensraum. Darüber hinaus verfügen sie – als einer der wenigen Landvögel – oberhalb der Augen über Salzdrüsen, die im Besonderen für viele Meeresvögel typisch sind. Diese erlauben es ihnen, auch salzhaltiges Wasser zu trinken und das überschüssige Salz in bestimmten Mengen über die Nasenlöcher auszuscheiden. Ein wertvoller Gewinn, denn durch die hohe Wasserverdunstung in der Hitze reichern sich die Reste kleiner Gewässer schnell vermehrt mit Salzen an. Dennoch können die Wellensittiche diese Flüssigkeitsquelle nutzen.

Die größte Herausforderung zum Überleben ist, Wasser zu finden.

Ein Leben voller Gefahren.

Mit der intensiven Nutztierhaltung stießen die Farmen immer weiter ins Landesinnere vor. Viele Tierarten wurden durch das Eindringen des Menschen in ihr Habitat vertrieben und haben ihr Überleben gefährdet oder schlimmstenfalls unmöglich gemacht. Um ihr Vieh zu tränken, haben die Menschen künstliche Wasserstellen angelegt, das Wasser wird aus den tieferen Erdschichten gefördert. Der Wellensittich ist jedoch zum Nutznießer der entstandenen Bewässerungen für die Rinder und Schafe hervorgegangen: Um nicht zu verdursten, werden auch sie von den Sittichen genutzt und sind eine willkommene Wasserquelle, die sie sich zu eigen gemacht haben.

SIESTA

Um ihren Flüssigkeitsbedarf in den heißen Mittagsstunden so niedrig wie möglich zu halten, verweilen sie während dieser Zeit meist regungslos dösend im Dickicht der schattenspendenden Eukalyptusbäume. Die tropfenförmige Gestalt ihres Leibes, das gelbgrüne Federkleid mit der gewellten, schwarzen Zeichnung auf dem Rücken, lassen sie im Spiel von Licht und Schatten der Blätter kaum ausmachen. Eine perfekte Tarnung, die sie vor Feinden fast unsichtbar werden lässt.

HÖCHSTE GEFAHR

Der Aufenthalt auf dem Boden ist mit hohem Stress und Hektik für die Sittiche verbunden. Aus gutem Grund: In den Baumkronen sind sie in sicherer Deckung. Hier sind kaum Attacken von Feinden zu befürchten und im Geäst können die flinken Vögel geschickt ausweichen. Zudem schützt sie ihr grünes Tarnkleid ausgezeichnet im Blätterwerk. Auf dem roten Sandboden und an den Wasserstellen ist ihre Tarnung allerdings dahin. Schon von weitem sticht ihr Gefieder auffällig hervor. Hungrige Falken und Habichte lauern darauf, die schutzlosen Vögel auf dem offenen Gelände zu erbeuten. Die Wellis wissen von der Gefahr, viel Zeit wird verwendet, um erst argwöhnisch die Umgebung zu beäugen. Landungen am Boden werden oft abgebrochen, Fehlalarme kommen häufig vor und kleinste Schatten schrecken die Tiere auf. Doch für ein längeres Leben zahlt sich Vorsicht eben aus.

DER REGEN KOMMT, DIE BRUT BEGINNT

Wellensittiche sind für die Brut nicht an bestimmte Jahreszeiten gebunden, im Gegensatz zu vielen anderen Vogelarten. Ein über längere Phasen ausreichendes Nahrungsangebot gibt den Startschuss zur Fortpflanzung. Sobald der Regen einsetzt und das Land üppig und fruchtbar ist, kann das Brutgeschäft beginnen. Um keine Zeit zu verlieren und erst nach einem passenden Partner Ausschau halten zu müssen, haben sich schon vorher feste Paare gebildet. Jetzt wird gleich losgebalzt, denn der Hormonspiegel muss in Wallung gebracht werden, um die Fortpflanzungsorgane zu aktivieren, die im Ruhemodus sind. Balzende und brütende Pärchen animieren gleichzeitig andere Schwarmmitglieder, sich vermehren zu wollen. Die Paarungsbereitschaft einzelner wirkt dabei regelrecht ansteckend auf die gesamte Gruppe.

HÖHLENBRÜTER

Nun beginnt die Suche nach einer geeigneten Brutstätte, um für die Nachkommenschaft zu sorgen. Die Henne hält nach dunklen Aushöhlungen Ausschau, hauptsächlich in Eukalyptusbäumen. Ein ausgehöhlter Stamm, ein Astloch, jede verfügbare Möglichkeit, jedes winzige Loch oder Spalte, die als Nisthöhle in Frage kommen könnte, wird ausgespäht und emsig auf Tauglichkeit untersucht. Währenddessen kommt es zwischen den Weibchen oft zu Streitereien um freie oder begehrte Nistmöglichkeiten.

Ist der Platz erobert, wird er gegebenenfalls mit dem Schnabel nachgearbeitet, bis der Hohlraum und das Einflugloch passend gemacht sind. Nistmaterial ist verpönt, sollten sich verdörrte Pflanzenreste in der aufgefundenen Nisthöhle befinden, werden sie von der Henne sofort hinauskatapultiert.

Selbst am Boden, in Erdlöchern oder unter Steinansammlungen wird notfalls gebrütet, wenn kein anderer Ort mehr zu ergattern ist. Das erhöht allerdings die Gefahr, eher Räubern ausgeliefert zu sein, als im Schutz der hohen Bäume. Trotzdem ziehen die Wellensittiche eher nachteilige Stellen vor, um eng neben ihren Artgenossen brüten zu können, anstatt bessere Brutgelegenheiten in einiger Entfernung zu den Schwarmkollegen aufzusuchen.

DIE NESTLINGE

Sobald das erste Ei gelegt ist, spätestens nach dem zweiten, beginnt die Henne mit dem Bebrüten und verlässt die Höhle kaum noch. Im Abstand von etwa zwei Tagen folgt jeweils das nächste Ei. Das Gelege umfasst meist bis zu sechs weiße Eier. Der Vogelvater in spe ist nun nicht mehr nur für sich selbst zuständig, sondern auch für die Ernährung seiner Partnerin. Er füttert sie mit Nahrung, die er im Kropf gesammelt hat und ihr am Einflugloch übergibt.

Das erste Junge schlüpft nach circa 18 Tagen und die jüngeren Geschwister folgen in entsprechendem Abstand der Eiablage, meist je zwei Tage später. Für die Jungen ist es ein enormer Kraftakt, sich aus dem Ei zu befreien. Sobald die Henne eine Bruchstelle mit ihrer Zunge am Ei ertastet hat, hilft sie den Küken, auf die Welt zu kommen, indem sie vorsichtig die Schale benagt. Hilflos, nackt und blind liegen dann die winzigen Nestlinge, mit einer Größe von gerade mal einem Zentimeter, in ihrer Kinderstube. Die ersten Tage wird der Nachwuchs mit breiiger Vormagenmilch gefüttert, die eine optimale Versorgung gewährleistet. Liebevoll werden die kleinen „Nackedeis" von ihrer Mutter gekrault, obwohl sie noch nicht einmal Federn besitzen. Damit sie nicht auskühlen, wärmt die Vogelmutter ihre Küken, was auch hudern genannt wird. Das Hudern dient auch der Vertiefung der sozialen Bindung und die Kleinen schmiegen sich dabei gern an das Elterntier. Instinktiv suchen die Nesthocker engen Körperkontakt und Geborgenheit bei der Mutter und den Geschwistern. Ist die Henne ausgeflogen, kauert sich die Nachkommenschaft zu einem dichten Häufchen zusammen, wobei die Kleineren in der Mitte liegen. Sind die Küken schon etwas weiter entwickelt und können ihr Köpfchen aus eigener Kraft oben halten, kraulen sie sich auch gegenseitig.

ERSTE FEDERCHEN UND OFFENE AUGEN

Ab etwa dem achten Tag öffnet der Nachwuchs zum ersten Mal für einige Sekunden die Augen, die ersten Dunen auf dem Rücken brechen durch und sind zu sehen. Die Kleinen reißen beim Gähnen weit den Schnabel auf und versuchen durch Flügelrudern ihr Gleichgewicht zu halten. Nach ungefähr zwei weiteren Tagen brechen die Schwanzfedern durch, wie kleine spitze Stacheln schieben sie sich durch die Haut. Die Nestlinge können ihren Kopf jetzt schon ein wenig besser halten und die Augen sind mittlerweile länger geöffnet. Die Bettellaute der Halbwüchsigen sind

Der Vater füttert seinen Spross. Ältere und ausgeflogene Nestlinge werden auch vom Vogelpapa versorgt.

deutlich lauter als vor wenigen Tagen. Zur Fütterung dreht die Vogelmutter ihren Nachwuchs immer noch auf den Rücken.
Am ganzen Körper sprießen nun die Federchen – das juckt furchtbar! Mit den Füßen und dem Schnabel wird kräftig gekratzt. Bald darauf propellern (der Vogel sitzt auf der Stelle und schlägt kräftig mit den Flügeln) die Heranwachsenden immer häufiger mit den Flügeln, um ihre Muskeln zu trainieren. Sie werden jetzt zunehmend aktiver und rennen in der Bruthöhle umher. Passt den Kleinen etwas nicht, kann man sie in typischer Wellensittichmanier schimpfen hören.
Die Entwicklung der Nestlinge vollzieht sich rasend schnell. Nach nur etwa vier Wochen ist das älteste Jungtier flügge und startet zum ersten Ausflug. Nach und nach folgen die jeweils nächstgeborenen Geschwister.

JUGENDGRUPPEN

Gerade mal zwei Tage nach Verlassen des Nestes versorgt sich der Nachwuchs von nun an allein. Dazu schließen sich die Jungwellensittiche gern zu einer Art Jugendgruppe zusammen. In spielerischer Weise lernen, imitieren und üben sie die Verhaltensweisen der Erwachsenen.

HOHE VERLUSTRATE

Ein beträchtlicher Teil der Nestlinge sowie der noch unerfahrenen Jungvögel fällt Beutegreifern wie Waranen und Falken zum Opfer. Geckos plündern die Nester und lassen sich die Eier schmecken. Durch eine frühe Geschlechtsreife und eine hohe Fortpflanzungsrate werden diese Verluste ausgeglichen und bei guten Bedingungen kann das Elternpaar mehrmals nacheinander brüten.

Platz 1 auf der Beliebtheitsskala – Wellensittiche gehören weltweit zu den beliebtesten Ziervogeln.

Vom wilden Australier zum Heimvogel

Der Naturforscher George Shaw hat als Erster den neu entdeckten Vogel wissenschaftlich untersucht und 1805 seine Beschreibungen dazu veröffentlicht. Er gab ihm den Namen Psittacus undulatus, was der „gewellte Papagei" bedeutet.

Der britische Vogelkundler John Gould brachte 1840 die ersten, sicher dokumentierten, lebenden Wellensittiche von seiner Forschungsreise aus Australien nach England und ergänzte den Gattungsnamen zu *Melopsittacus undulatus* („gewellter Singpapagei"). Schnell erreichten die Exoten in der betuchten englischen Gesellschaft große Bewunderung und hohe Popularität. Wegen ihrer Seltenheit wurden horrende Preise gezahlt, so blieb nur den Wohlhabenden der Erwerb der kostspieligen kleinen Papageien vorbehalten. Man war rundum hingerissen von dem munteren und klugen Wesen. Der liebevolle, fürsorgliche und rücksichtsvolle Umgang unter den Wellensittichpärchen hat offenkundig in großem Ausmaß imponiert, wie in alten Schriften nachzulesen ist.

MASSENEXPORTE

Seine Beliebtheit führte zügig dazu, das gute Geschäft mit dem grünen Sittich zu nutzen und ihn auch der breiten Masse anzubieten. Mitte des 19. Jahrhunderts begann man in gewaltigem Umfang, die Vögel in Richtung Europa zu verschiffen. Mit roher und rücksichtsloser Gewalt wurden die Tiere zu tausenden eingefangen, wobei viele von ihnen schon dabei ums Leben kamen. Die lange und qualvolle Schifffahrt, eingepfercht auf engstem Raum, forderte ebenfalls ihren Tribut: Eine Vielzahl der Vögel verendete mangels schlechter Versorgung oder durch sich ausbreitende Krankheiten. Trotz der hohen Verluste blieb der Handel profitabel, denn die Nachfrage nach den fremdländischen Papageien war ungebrochen. Durch die Massenimporte wurde der Bedarf der Interessenten gedeckt, wenngleich damit ein Preisverfall für die Exoten einherging. Um den dramatisch schrumpfenden Beständen der wilden Wellensittiche entgegenzuwirken, zog Australien ein Ausfuhrverbot der einheimischen Vögel in Betracht. Es trat schließlich 1894 in Kraft und gilt bis heute.

ZUCHTBETRIEBE IN EUROPA

Im Zuge dessen entstanden in England, Frankreich, Belgien, Holland und Deutschland die ersten Großzüchtereien, die jährlich bis zu 100.000 Wellensittiche erzeugten. Doch die Massentierhaltung hatte ihren Preis: Krankheiten durchseuchten die Bestände. Das Ende der Massenzucht wurde endgültig 1930 mit dem Ausbruch der Psittakose eingeläutet. Die auf den Menschen übertragbare, sogenannte Papageienkrankheit kommt mittlerweile übrigens nur noch selten vor und hat wegen ihrer Behandelbarkeit an Schrecken verloren. Die unverkäuflichen Tiere wurden in Unmengen getötet. Seither wird die Vermehrung der ungebrochen gefragten Sittiche in zahlreichen kleinen Privatzuchten, Vereinen, Zoos und Naturparks weitergeführt.

BUNTE FARBENPRACHT

Nach den ersten Zuchterfolgen versuchte man, neue Farben neben dem grünen Wildtyp zu züchten. 1872 traten die ersten gelben Sittiche auf. 1878 gab es Himmelblau, es folgten Oliv- und Dunkelgrüne, verschiedene Blautöne und weißblaue Farbvarianten. Doch die Farbzuchten verschwanden auch wieder, da man sich nicht mit der Vererbungslehre auskannte. Der Durchbruch für gezielte Zuchten erfolgte im Jahr 1930. Es wurde erkannt, dass die Mendelschen Gesetze der Erblehre auch für Wellensittiche gelten. Das neue Wissen über die Vererbung von Farbmutationen war ein Triumph und der Start für die Entstehung von etlichen Farbschlägen.

NAMENSREPORT

Die Ureinwohner Australiens nannten die Wellensittiche „Betcherrygah". Es wird vermutet, dass das so viel wie „Gutes Essen" heißen könnte, denn die Aborigines haben die Vögel gejagt und verspeist. Die englische Bezeichnung Budgerigar, oder auch kurz Budgie genannt, leitet sich davon ab.

Ein bunter, kleiner Schwarm.

Farbvarianten
— in Hülle und Fülle

01

02

FARBENSPIEL IN KUNTERBUNT

Die Farbvielfalt der Hauswellensittiche ist heute immens angewachsen. Mehr als 100 Farbschläge sind bekannt, zudem gibt es neben der schwarzen Wellenzeichnung noch einige weitere Farben und Abweichungen der gewöhnlichen Zeichnung. Die verschiedenen Farbschläge lassen sich in beliebigen Kombinationen miteinander vermischen, sodass hunderte von Variationen entstehen. Eine enorme, fast unüberschaubare Vielfalt – und ohne tiefergehendes Fachwissen ist eine Farbschlagbestimmung für Laien nicht ganz leicht.
Etwas Basiswissen lässt sich jedoch vereinfacht darstellen: Es gibt zwei Farbreihen: Grün und Blau, von hell bis dunkel. Zu den verschiedenen Wellenzeichnungen gehören: Normal, Spangle, Opalin, zudem Farbaufhellungen wie Zimt, Grau- und Hellflügel. Albinos, Lutinos, Lacewing, und Schecken entstehen durch Farbausfälle im Gefieder. Typische Varietäten sind Gelbgesichter, in der gängigen Form haben blaue Vögel eine weiße und grüne eine gelbe Maske (Gesicht). Gelbgesichter weichen von der Regel ab, sie stammen aus der Blaureihe.

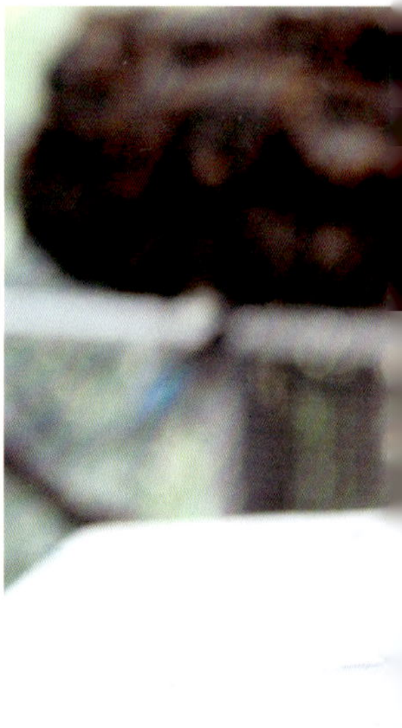

04

03

01 Opalin, Europäisches Gelbgesicht blau.

02 Australischer Schecke, hellblau

03 Normal grün. Die Grünlinie ist die älteste und ursprünglichste.

04 Australisches Gelbgesicht hellblau.

Standardwellis sind größer, schwerer und stärker befiedert.

Klein und quirlig sind Hansi Bubis.

STANDARD-WELLENSITTICHE

Im 20. Jahrhundert bildeten sich die ersten Züchtervereinigungen. Es war nun nicht mehr nur die Absicht, Farbschläge zu verwirklichen, sondern auch die Körperform, das Aussehen und die Haltung nach genau festgelegten Standards hervorzubringen. Die Vögel werden zu dem Zweck gezüchtet, um den strikt formulierten „Schönheitsidealen" zu entsprechen. In Ausstellungen werden sie zur Schau gestellt, in der Hoffnung auf eine Prämierung. Daher sind die Vögel, die unter den Kriterien herausgezüchtet werden, als Schau- oder Standardwellensittiche bekannt. Die Tiere sind deutlich größer, schwerer und wirken viel bulliger als ihre wilden Verwandten, sie können bis zu 70 Gramm auf die Waage bringen. Die Federn sind insgesamt größer, länger und fülliger. Infolge der ausgeprägten Kopfbefiederung haben die Sittiche oft eine eingeschränkte Sicht nach vorn. Sie besitzen meist mehrere und größere Kehltupfen. Wie bei allen hochgezüchteten Tieren sind auch sie deutlich krankheitsanfälliger. Durch das höhere Körpergewicht nehmen ihr Flugvermögen, ihre Wendigkeit und ihre Vitalität ab, sie sind inaktiver. Und: Bewegen sich die Vögel weniger, steigt gleichzeitig das Risiko, an Übergewicht zu leiden. Auch die Fruchtbarkeit liegt unter dem Durchschnitt im Vergleich zu den Hansi-Bubis. Zudem existiert noch eine weitere Zuchtvariante: Haubenwellensittiche. Wie der Name schon vermuten lässt, besitzen sie verschiedene Erscheinungsformen von unterschiedlich gestalteten „Federwedeln" am Kopf. Hier sind Erbschäden und die gesundheitlichen Auswirkungen noch extremer. Schädigungen und Deformierungen des Gehirns der Vögel treten dabei häufig auf.

HANSI-BUBIS

Hansi und Bubi, diese Namen wurden den „Federbällchen" am häufigsten gegeben, dadurch hat sich die Bezeichnung Hansi-Bubis für die Zuchtform etabliert. Sie kommen ihren wildlebenden Verwandten am nächsten. Sie sind klein, zierlich gebaut und bringen eine lebhafte und quirlige Natur mit. Die eng anliegende und kurze Kopfbefiederung ermöglicht ihnen eine freie Sicht nach vorn, was unverzichtbar für rasante Flüge ist. Meist werden sie bunt durchmischt gezüchtet, um viele zufällige Farbvariationen zu erhalten. Im Gegensatz zu den Standardvögeln müssen sie dazu meist nicht zwangsverpaart werden und können ihre Partner selbst wählen. Das hat den Vorteil, dass die Tiere sich instinktiv eher mit starken und gesunden Artgenossen verpaaren. Oft gibt es Mischformen zwischen Hansi-Bubis und Standardsittichen, die als Halbstandards bezeichnet werden.

☞ *Steckbrief*

DIE BIOLOGISCHE SYSTEMATIK (TAXONOMIE) DES WELLENSITTICHS

- **Reich:** Tiere (Animalia)
- **Stamm:** Rückenmarktiere (Chordata)
- **Unterstamm:** Wirbeltiere (Vertebrata)
- **Klasse:** Vogel (Aves)
- **Ordnung:** Papageien (Psittaciformes)
- **Familie:** Eigentliche Papageien (Psittacidae)
- **Tribus:** Plattschweifsittiche (Platycercini)
- **Gattung:** Wellensittiche
- **Art:** Wellensittich
- **Wissenschaftlicher Name der Gattung:** Melopsittacus (GOULD 1840)
- **Wissenschaftlicher Name der Art:** Melopsittacus undulatus (SHAW 1805)
- **Englisch:** Budgerigar
- **Französisch:** Perruche ondulée
- **Spanisch:** Periquito común
- **Herkunft:** Australien
- **Größe:** Wildform 18 cm
- **Hauswellensittiche:** Hansi-Bubis ca. 18–20 cm, Standard ca. 21–26 cm
- **Gewicht:** Wildform ca. 25–40 Gramm (Männchen etwas leichter als Weibchen)
- **Hauswellensittiche:** Hansi-Bubis ca. 30–45 Gramm, Standards ca. 50–70 Gramm
- **Lebenserwartung Hauswellensittiche:** 10 bis 15 Jahre, selten noch älter. Nach jüngsten Umfragen und kleineren Statistiken erreichen die weit meisten Tiere wohl aber nur ein Alter von 4 bis 6 Jahren.
- **Eier pro Gelege:** 4–6 (seltener bis 9)
- **Haltungsansprüche:** mindestens paarweise, besser in kleiner Gruppe in Volieren mit täglichem Freiflug. Mit frostfreiem Schutzraum ist die Haltung in Außenvolieren auch im Winter möglich.
- **Ernährung (Hauswellensittiche):** Samenmischungen, Wildgräser, Kolben und Rispen von Einzelsaaten, Quell- und Keimfutter, Gartenkräuter, Wildpflanzen, Gemüse, Obst.

Gestatten, Welli, das bin ich!

— Wellis sind Charakterköpfe mit erstaunlichen Fähigkeiten

Körperbau

Wellensittiche haben sich perfekt an ihre Umgebung angepasst. Ihr Körperbau ist ein Wunderwerk an Aerodynamik, sie sind pfeilschnell, ultraleicht und kommen mit wenig Wasser aus.

DAS SKELETT

Aufgrund der Anpassung an das Fliegen unterscheidet sich das Vogelskelett maßgeblich vom Skelett anderer Wirbeltiere. Leichtigkeit ist ein Vorteil beim Fliegen. Aus diesem Grund nimmt das außergewöhnliche Skelett der kleinen Australier nicht einmal 9 % ihres Körpergewichts ein und ist damit extrem leicht. Es besteht aus marklosen, überwiegend hohlen und mit Luft gefüllten Knochen, die sehr hart und kalkhaltig sind. Die Stabilität bekommen sie an stark beanspruchten Stellen einzig durch knöcherne Querverstrebungen. Beim Fliegen und Landen muss das Skelett besonderen Belastungen standhalten können. Das erfüllt die hochspezialisierte Wirbelsäule, die Lenden- und Schwanzwirbel. Sie sind untereinander und teilweise mit dem Becken verschmolzen und bilden eine kompakte Einheit. Festigkeit gibt das Rabenbein, der kräftigste Knochen des Schultergürtels.
Vögel verfügen auf ihrem Brustbein über einen Knochenfortsatz, der Brustbeinkamm oder auch Brustbeinkiel genannt wird. Streicht man über das Brustbein, kann man den Brustbeinkamm bei normalgewichtigen Wellensittichen eben noch ertasten. Bei übergewichtigen Tieren ist er nicht mehr fühlbar. Ein spitz und stark hervorstehender Brustbeinkiel, den man deutlich spüren kann, zeigt dagegen Unterernährung an.

GEFIEDER UND MAUSER

Das Federkleid der Vögel ist einzigartig im Tierreich. Es schützt den Wellensittich vor Witterungseinflüssen, dient zur Körpersprache mit Artgenossen und ermöglicht es ihm, zu fliegen. Um das zu gewährleisten, braucht es ein intaktes Gefieder. Darum wenden die Sittiche viel Zeit für dessen Pflege auf. Ursprünglich haben sich Federn aus den Reptilienschuppen entwickelt. Sie bestehen, wie Haare, Fingernägel oder Krallen, aus der Hornsubstanz Keratin und nutzen sich nach einer Weile ab. Deshalb ist die Mauser ein regelmäßiger, natürlicher Mechanismus, um das Federkleid in größeren Teilen zu erneuern. Der Mauserzyklus der wilden Wellensittiche ist an keine bestimmte Saison gebunden, nur während der Brut wird sie gemieden, um eine Doppelbelastung zu verhindern. Hormone der Schilddrüse und der Geschlechtsorgane steuern die Mauser, aber auch Jahreszeit, Licht und die Ernährung spielen dabei eine Rolle. Bemerkenswert ist, dass in Außenvolieren gehaltene Hauswellis vermehrt im Frühjahr und Herbst mausern. Innerhalb ungefähr eines Jahres wird das komplette Gefieder ausgewechselt. Außerhalb der Mauser fällt auch hier und da mal eine Feder aus, doch etwa zwei bis drei Mal im Jahr rieseln die Federn und Dunen verstärkt und die Mauser setzt ein. Um die Flugfähigkeit zu gewährleisten, fallen nie alle Schwungfedern der Flügel gleichzeitig aus. Nach etwa vier bis sechs Wochen ist ein Großteil der Mauser (Kleingefieder) überstanden, bis die langen Schwung- und Schwanzfedern nachwachsen, kann es zwei Monate dauern. Während des Wachstums werden die neu entstehenden Federn im Kiel mit Blutgefäßen versorgt (Blutkiele). Werden die empfindlichen Gebilde verletzt, kann es im Besonderen bei den Schwung- und Steuerfedern, die große Blutkiele besitzen, zu starken Blutungen kommen. Ist das Wachstum der Feder abgeschlossen, bilden sich die Blutgefäße im Kiel zurück, damit ist es totes Gewebe, das lediglich mit der Haut verbunden ist. Der Gefiederwechsel in der Mauser ist zwar keine Krankheit, kostet aber dennoch viel Energie. Die Vögel sind währenddessen vermindert widerstandsfähig und anfälliger für Infektionskrankheiten. Besonders alten oder schwachen Tieren kann sie deshalb sehr zusetzen, die Tiere sind dann weniger aktiv und ruhen vermehrt. Es ist deshalb notwendig, den Hauswellensittichen in diesem Zeitraum eine spezielle Nährstoffversorgung (siehe S. 112) und ausreichend UV-Licht zukommen zu lassen, damit sie gut durch die Mauser kommen.

Wunder der Natur: Wellis sind klein, leicht, wendig und bestens an ihren Lebensraum angepasst.

STOCK- UND SCHOCKMAUSER

Dass Wellensittiche während der Mauser ein wenig zerzaust aussehen und das Köpfchen einer stacheligen Igelfrisur ähnelt, ist normal. Ernsthafte Ursachen, wie organische Krankheiten, Licht- oder Nährstoffmängel, können aber vorliegen, wenn es zu Mauserproblemen kommt. Zieht sich die Mauser ungewöhnlich lange hin, kann das ein Zeichen für eine Stockmauser sein. Kahle Stellen treten im Gefieder auf, das Wachstum junger Federn verlangsamt sich und die neu gebildeten Federn bleiben mitunter in den Hornscheiden stecken.

Etwas anders sieht es bei der Schockmauser aus, sie ist eine Reaktion, wenn der Sittich sich heftig erschrickt. Dabei kann er blitzartig seine Steuerfedern (Schwanzfedern) oder auch Teile des Kleingefieders abwerfen. Dieser für den Vogel schmerzlose Reflex ist eindeutig ein Schutz, um sich im letzten Moment aus der Gewalt von Beutegreifern zu befreien. Die ausgefallenen Federn werden nicht erst mit der nächsten Mauser ersetzt, sondern wachsen nach dem Verlust sogleich wieder nach.

BÜRZELDRÜSE

Auf der unteren Rückenpartie am Schwanzansatz ist die Bürzeldrüse. Es ist die einzige Hautdrüse der Sittiche, sie sondert ein öliges Sekret ab, das der Gefiederpflege dient. Es verhindert ein Austrocknen der Federn und erhält dadurch die Geschmeidigkeit und die wasserabweisenden Eigenschaften des Federkleids. Zugleich enthält das Sekret eine fungizide und antibakterielle Wirkung. Diese fetthaltige Körperausscheidung nehmen die Wellensittiche mit dem Schnabel oder den Beinen auf und verteilen sie im Gefieder. Um auch die schwer zugängliche Kopfregion einfetten zu können, reiben sie ihn direkt an der Bürzeldrüse damit ein.

ATMUNG, HERZ UND KREISLAUF

Für ihre ausdauernden Flüge haben Wellensittiche ein ausgefeiltes und sehr leistungsstarkes Atmungssystem, denn das Fliegen ist eine hohe körperliche Leistung. Der Sauerstoffaustausch ist überaus effizient und durchströmt

Ein intaktes Gefieder ist lebenswichtig. Daher verwenden die Sittiche viel Zeit mit der Gefiederpflege.

Kraul mich mal! Bei Körperpartien, die die Wellis selbst schlecht erreichen können, hilft der Partner.

die Lungen gleich zwei Mal. Neben den Lungen besitzen ausschließlich Vögel dafür ein raffiniertes und komplexes Luftsacksystem. Papageien verfügen über neun Luftsäcke, vier paarige und einen unpaarigen, die nahezu alle Hohlräume des Körpers durchziehen. Sie funktionieren ähnlich wie ein Blasebalg und versetzt die Vögel in die Lage, beim Ein- und Ausatmen Luft aufzunehmen. Die Atemorgane werden dadurch intensiv durchlüftet

Die Bürzeldrüse liefert das nötige Fett.

und es befähigt sie, mehr Sauerstoff zu speichern. Die Luftsäcke verringern zudem das Gewicht des Tieres, um das Fliegen zu ermöglichen. Das große Atemvolumen hat aber auch Nachteile: Gegenüber Gift- und Schadstoffen sowie Krankheitserregern sind die Wellis deswegen deutlicher anfälliger. Die Sittiche besitzen zudem einen sehr raschen Stoffwechsel, den sie nicht nur zum Fliegen brauchen. Er wird auch benötigt, um ihre verhältnismäßig hohe Körpertemperatur von etwa 42 Celsius zu halten.

HERZSCHLAG

Das Herz ist im Vergleich zu den Säugetieren doppelt so schwer und ein wahres Kraftpaket. Es schlägt 240 Mal in der Minute, bei großer Anstrengung bis zu 600 Mal. Dieses leistungsstarke Kreislaufsystem erlaubt dem Wellensittich seine beachtlichen körperlichen Fähigkeiten. Es birgt jedoch auch Risiken: Der von Natur aus hohe Blutdruck kann bei extremer Angst so stark ansteigen, dass der Vogel infolge einer geplatzten Hauptschlagader stirbt. Darum ist großer Stress über längere Zeit unbedingt zu vermeiden. Enorm angstauslösende Situationen, wie z. B. das Einfangen oder das Festhalten der Tiere, sollte man den Vögeln deshalb bloß zumuten, wenn es sein muss (beim Tierarzt oder zur Medikamentengabe).

VERDAUUNG

Der Verdauungstrakt der Körnerfresser unterscheidet sich von dem der Säugetiere, er besitzt mehr Teilbereiche und ist anders aufgebaut. Vögel brauchen eine schnelle Verdauung, denn ein voller Magen macht schwer und wer schwer ist, kann nicht fliegen. Zudem kostet das Fliegen viel Energie und auch die hohe Körpertemperatur der Vögel muss aufrechterhalten werden. Ein rascher Stoffwechsel macht dies möglich.

KROPF UND MAGEN

Nachdem die entspelzten Samen im Ganzen heruntergeschluckt werden und durch die Speiseröhre wandern, landen sie im Kropf. Der dehnbare Kropf ist eine sackförmige Ausweitung am Ende der Speisröhre und erfüllt zwei Funktionen: Zum einen dient er als Vorratskammer, um die Nachkommenschaft oder auch den Partner zu füttern, und zum anderen wird dort die Nahrung mit einem Sekret angefeuchtet und vorgequollen. Durch eine Muskelschicht im Kropf kann der Inhalt wieder in die Speiseröhre befördert werden. Nach dem Quellen gelangt das Futter in den zweigeteilten Magen. Der Erste ist der Drüsenmagen, hier kommen Enzyme und Säuren für die Eiweißverdauung zum Einsatz. Darauf folgt der Muskelmagen (Kaumagen), dort findet die mechanische Zerkleinerung statt, die im Grunde dem Zerkauen gleichkommt. Dazu bestehen die Wände des Muskelmagens aus einer glatten Muskulatur, deren Innenfläche mit einem ausgehärteten Drüsensekret versehen ist. Diese dienen als Reibeplatten, auf der die Nahrung, durch Aufnahme kleiner Steinchen (Grit), schließlich zermalmt wird. Deshalb sollte Hauswellensittichen immer Grit und Vogelsand für ihre Verdauung zur Verfügung stehen.

Hm! Kolbenhirse! – Sie zählt zu Wellis Leibgericht. Die Körnchen werden gekonnt entspelzt.

Wellis haben einen schnellen Stoffwechsel. Sie müssen jeden Tag fressen, sonst verhungern sie rasch.

Vögel haben eine effiziente Verdauung.

BAUCHSPEICHELDRÜSE & DARM

Nach dem Muskelmagen folgt nun, in den Ausführungsgängen des Dünndarms, die Bauchspeicheldrüse (Pankreas). Hier werden mit Hilfe der Pankreasenzyme und der Gallenflüssigkeit der Leber Kohlenhydrate und Fette aufgespalten. Die verwertbaren Inhaltsstoffe werden im Dünndarm aufgenommen. Die Darmbakterien im Dickdarm sorgen für die Aufspaltung von Cellulose.

Die unverdaulichen Nahrungsbestandteile gelangen in die Kloake, das ist die einzige Ausscheidungsöffnung des Vogels. Hier läuft der Enddarm für den Kot, die Harnleiter für den Urin und die Anbindung der Geschlechtsorgane für die Eier oder Spermien zusammen. In der Kloake verbindet sich der dunkle Kotanteil mit dem weißlichen Urin und wird gemeinsam als ein zweifarbiges Kotbällchen in cremig-fester Konsistenz ausgeschieden. Um auch hier den Verbrauch von Wasser einzusparen, enthält der hochkonzentrierte Vogelurin wenig Flüssigkeit.

Wellis haben gute Augen und erfassen Bewegungen und Farben sofort. Bei Tageslicht sehen sie am besten.

Die Sinne

Wellensittiche besitzen besondere Fähigkeiten. Sie nehmen ihre Welt mit fünf Sinnesorganen wahr, die sich im Vergleich vom menschlichen Leistungsvermögen zum Teil beeindruckend unterscheiden.

DIE WELT AUS WELLI-AUGEN

Als herausragend lässt sich mit Sicherheit der Gesichtssinn bezeichnen. Die Vogelaugen sind im Verhältnis viel größer als die der meisten Säugetiere, auch wenn der eher kleine, äußerlich sichtbare Teil des Vogelauges es nicht gleich vermuten lässt. Der Mensch kann je nach Helligkeit circa 16–80 Bilder (16 bis 80 Hertz) pro Sekunde erkennen. Die hoch entwickelten Augen eines Wellensittichs bringen es auf beeindruckende 150 Bilder (150 Hertz) pro Sekunde. Dadurch kann der Vogel schnelle Bewegungen wahrnehmen und sofort reagieren. Das ausgezeichnete Sehvermögen ermöglicht rasante Flüge mit einer enormen Reaktionsfähigkeit. Für in Häusern gehaltene Sittiche kann es jedoch unschön werden, denn Fernsehbildschirme, die nicht deutlich über 150 Hertz liegen, flackern für die Tiere. Doch es gibt in unseren Räumen einen noch viel bedeutenderen Umstand, der für die Augen der Vögel sehr unangenehm sein kann: das künstliche Licht! Es flackert 50 Mal in der Sekunde. Die Wellis nehmen das wahr, was überaus störend für sie sein muss, wie man sich vorstellen kann, wenn man ständigem Lichtflackern ausgesetzt ist. Abhilfe schaffen hier sogenannte EVGs (elektronische Vorschaltgeräte), sie erhöhen die Frequenz und erwirken zudem eine höhere Lichtausbeute. In manchen Leuchten sind EVGs schon eingebaut, ist das nicht der Fall, sollte man unbedingt nachrüsten.

JÄGER- UND BEUTESICHT

Die Augen von Beutegreifern, wie beispielsweise einer Katze, befinden sich vorn am Kopf. Das Gesichtsfeld beider Augen überschneidet sich in einem großen Bereich, was ein gutes räumliches Sehen ermöglicht. Bei Fluchttieren sind die Augen hingegen seitlich angelegt, wie auch beim Wellensittich. Durch die weit auseinanderliegenden Augen überschneiden sich die Gesichtsfelder nur zu einem kleinen Teil, was ihr räumliches Sehen begrenzt. Dafür sehen sie ihre Umgebung in einem äußerst großen Radius von beinahe 360 Grad, ein „Rundumblick", mit dem sie lauernde Jäger schneller erspähen. Die Augäpfel können sie nur sehr eingeschränkt bewegen, das machen sie damit wett, indem sie ihr Köpfchen um fast 180 Grad drehen können.

EINE BUNTERE WELT

Um Farben wahrzunehmen, sind die Augen mit verschiedenen Zapfen ausgestattet. Manche Vogelarten besitzen bis zu 10 Mal so viele, wie der Mensch. Wellis können Farbnuancen somit feiner unterscheiden. Ein zusätzlicher Zapfentyp ermöglicht ihnen, ultraviolettes Licht (UV-Licht) wahrzunehmen, das macht ihre Welt noch farbenprächtiger und strahlender. Bei schwachem Licht nimmt die Sehkraft der Vögel allerdings schnell ab, da ihre Sehzellen weniger lichtempfindlich sind. In der Dämmerung sehen sie daher schlechter als der Mensch.

Papageien wie der Wellensittich benötigen also für ihr hervorragendes Farbsehen mehr Licht als das menschliche Auge. Daher sollte man sie in sehr hellen Räumen mit natürlichem Tageslicht unterbringen.

Da selbst lichtdurchflutete Zimmer immer noch eine deutlich geringere Helligkeit aufweisen, als unter freiem Himmel, empfiehlt es sich, zusätzlich Tageslichtlampen und spezielle Vogellampen (Bird Lamps) einzusetzen. Die Bird Lamps liefern neben der eigentlichen Beleuchtung auch UV-Licht, was für im Haus gehaltene Vögel sehr wichtig ist, denn durch das Fenster kann die natürliche UV-Strahlung der Sonne kaum durchdringen.

Als Fluchttier haben sie ihr Umfeld stets im Blick.

Wellis können sogar UV-Licht sehen.

Möhrenmassaker: Wie lange das Gesicht wohl noch so hübsch weiß bleibt?

VORTEILE DES SEHVERMÖGENS

Viele Früchte, Beeren, Samen und Blüten reflektieren UV-Licht, sie fallen mit ihrer kontrastreichen „Leuchtkraft" regelrecht ins Auge, was bei der Nahrungssuche recht hilfreich ist.

In den violetten Wangenflecken und im Gefieder besitzen Wellensittiche der ursprünglichen Wildfarbe ultraviolette Bereiche. Weibchen bevorzugen bei der Partnerwahl Männchen, deren Gefiederkleid sich kräftig im UV-Licht reflektiert. So sind auch mausernde Artgenossen für die Schwarmkollegen gut zu erkennen, denn die Hornscheiden der Federkiele fallen außergewöhnlich stark im ultravioletten Bereich auf. Das könnte in der Fortpflanzungszeit von Bedeutung sein, denn ein mausernder Vogel ist nicht in Bestform für eine kräftezehrende Brut.

FLOURESZIEREND

Darüber hinaus gibt es noch eine Besonderheit: Die gelben Federn, vorwiegend im Gesichtsbereich, enthalten fluoreszierende Farbpigmente, die bei der Partnerwahl eine Rolle spielen. Im UV-Licht leuchten diese Stellen förmlich auf. Sie gelten wahrscheinlich als ein äußerst attraktives Merkmal, wenn der Hahn sie bei der Balz mit aufgestelltem Kopfgefieder der Angebeteten präsentiert.

Wie die Welt mit den Augen eines Wellensittichs aussehen mag, können wir uns kaum vorstellen. Denn wir sind nicht in der Lage, ultraviolettes Licht zu sehen und können es auch nicht simulieren. Insofern nehmen die Sittiche ihre Umwelt vermutlich ganz anders wahr als wir: viel schillernder, mit deutlich mehr Leuchtkraft und einer intensiveren Farbvielfalt.

GLEICHGEWICHTS- UND TASTSINN

Für ihre atemberaubenden Flugmanöver verfügen die Wellensittiche über einen hervorragenden Gleichgewichtssinn. Ihre Füßchen haben eine besondere Gabe: Sie nehmen feinste Erschütterungen über sensible Tastsinneszellen in den Füßen wahr. Das ermöglicht den freilebenden Wildvögeln, Feinde, wie zum Beispiel Schlangen, in den Bäumen auf ihren Schlafplätzen schneller auszumachen. In China wird sogar mit Wellensittichen geforscht, um sie als Erdbebenwächter einzusetzen. Offenbar zeigen die Vögel im Vorfeld eines Bebens abnorme Verhaltensweisen, sie sind nervöser und stoßen spezielle Warnrufe aus.

WENN DER SCHNABEL ZU LANG IST

Ein zu langer oder deformierter Schnabel kann ein Zeichen für zu wenige Abnutzungsmöglichkeiten sein, aber auch organische Ursachen wie Leberschäden haben. Das Schneiden des Schnabels sollte nur von fachkundigen Personen durchgeführt werden. Ein zu kurz geschnittener Schnabel löst beim Vogel Blutungen und heftige Schmerzen aus, da der Schnabel mit Nerven durchzogen ist. Wird weit in die Wachstumszone hineingeschnitten, kann der Schnabel nicht mehr nachwachsen, was einer Teilamputation gleichkommt. Im Extremfall verliert das Tier die Fähigkeit zur Nahrungsaufnahme.

EMPFINDLICHER SCHNABEL

Der Papageienschnabel besteht aus Schnabelhorn und wird in der Wachstumszone mit feinen Blutgefäßen versorgt. Er wächst fortwährend nach und nutzt sich durch das Benagen von Gegenständen, wie zum Beispiel Ästen, und beim Einsatz als Kletterhilfe ab.
Der „Krummschnabel" und die muskulöse Zunge dienen als Werkzeug, um Samenkörner gekonnt zu entspelzen. Die Zunge und der Gaumen sind dafür mit empfindlichen Tastsinneszellen ausgestattet. Will ein Wellensittich etwas genauer untersuchen, nimmt er es in den Schnabel und ertastet vorsichtig die Materialbeschaffenheit mit seiner Zunge. An der Zungenspitze hat er eine kleine Vertiefung, mit der er beim Trinken schneller das Wasser aufnehmen kann.

Brust, Beine, Po: Morgengymnastik für Mädels. Blätterschreddern kann ganz schön anstrengend sein.

Meine Lieblingsapfelsorte!

Juhu, es gibt wieder Basilikum!

RIECHEN UND SCHMECKEN

Der Geschmackssinn der Vögel ist schwach ausgeprägt. Im Zungengrund im Bereich des Rachens liegen die Geschmacksknospen. Mit ihnen kann der Papagei dennoch mehr oder weniger intensiv verschiedene Geschmacksrichtungen wie süß, sauer, bitter und scharf erkennen und unterscheiden. Scharf schmeckt der Wellensittich dabei nicht wie ein Brennen auf der Zunge, so wie wir es von scharfen Lebensmitteln kennen, sondern mehr als eine Art Aroma.

An ihrem Verhalten lassen sich dennoch Vorlieben erkennen. Schmeckt einem Vogel etwas nicht, kneift er die Augen zu, schüttelt sich und spuckt es angewidert aus. Um auch noch den letzten unangenehmen Geschmack loszuwerden, reibt er den Schnabel hastig an irgendwelchen Gegenständen ab.

Bisher ging man immer davon aus, dass das Geruchsvermögen der Vögel nur schwach entwickelt ist. Jüngste Untersuchungen lassen jedoch Zweifel aufkommen, sodass es gut möglich ist, dass Wellensittiche ein viel feineres Näschen haben, als angenommen.

HÖREN

Ein gutes Gehör ist für den australischen Sittich überlebenswichtig, um rechtzeitig Feinde aufzuspüren. Sie hören in einem sehr ähnlichen Frequenzbereich wie die Menschen, lediglich die sehr tiefen Töne nehmen sie schlechter wahr. Dennoch übertreffen sie uns beim Hören gleich mit zwei besonderen Fähigkeiten auf bravouröse Weise: Erstens kann ihr akustisches Gedächtnis schnell aufeinander folgende Töne präzise auflösen. Selbst Lautstärken und Pausen finden dabei Beachtung, während für unsere Ohren die raschen Tonfolgen längst unhörbar und damit undefinierbar sind. Zweitens konnten kanadische Wissenschaftler in Versuchen

Über Geschmack lässt sich nicht streiten.

feststellen, das Wellensittiche das absolute Gehör (Tonhöhengedächtnis) haben. Dieses Tonhöhengedächtnis ermöglicht es den kleinen Papageien, jede Höhe eines Tones ohne Bezugston genau zu erkennen, einzuordnen und sich einzuprägen.

SPRACHVERMÖGEN

Können deine Wellis denn auch sprechen? Diese Frage kennen wohl die meisten Wellensittichhalter zur Genüge. Selbstverständlich können sie sprechen, sogar ausgezeichnet! Wellensittiche können ihr Leben lang neue Laute entwickeln und erlernen. Diese Laute sind wichtig, um mit ihren Schwarmkollegen zu kommunizieren, so nutzen sie Namenskontaktrufe, um ihren Partner zu rufen und zu finden. Dazu benötigen sie individuelle Laute, die sie stets neu erschaffen und sich aneignen. Diese müssen sie sich einprägen und üben, um sie wiedergeben zu können. Denn nur wenn auf Rufe geantwortet wird, ist klar, dass man verstanden wurde, und die Kommunikation erfüllt ihren Zweck. Tiere, die sich so flexibel anpassen können, sind mit hochsozialen Fähigkeiten ausgestattet. Sie müssen individuelle Laute verstehen, um im Sozialverband miteinander zu kooperieren. Das hilft ihnen, sich gegenseitig vor Feinden zu warnen, bei der Futtersuche und bei der Jungenaufzucht.

KÖRPERSPRACHE

Auch die Körpersprache dient als Kommunikationsmittel. Vögel können ihre Federn durch die Muskulatur eng an den Körper legen oder aufstellen und sagen so etwas über ihre Befindlichkeit aus. Auch die Körperhaltung gibt Auskunft: Geraten zwei Vögel in einen Streit, kann der Rivale anhand der Körperstellung einschätzen, ob sein Gegner eher angriffslustig ist oder zum Aufgeben neigt.

Das müssen wir mal kurz ausdiskutieren.

ARM DRAN

Wellensittiche, die unter ihresgleichen leben, ahmen so gut wie nie die menschliche Sprache nach. Nahezu alle Wellensittiche, die dies tun, stammen aus einer nicht artgerechten Einzelhaltung. Sie imitieren die menschliche Sprache in Ermangelung eines „echten" arteigenen Partners und das ist ein Ausdruck ihres Leides aus ihrer Isolation und Einsamkeit heraus. Kennt man das selbstbewusste, kraftvolle, ausgelassene und fröhliche Geplauder eines kleinen Schwarms, empfindet man Bedauern und Mitleid für das gestört wirkende klägliche und unbeholfene Gekrächze eines Wellensittichs, der ohne seine Artgenossen ein Leben voller Entbehrungen fristen muss.

EIGENE DIALEKTE

Ihre Lautäußerungen können dabei nicht nur sehr individuell sein, darüber hinaus gibt es auch „regionale" Dialekte. Wellihaltern, die sich gegenseitig besuchen, fällt sofort auf, dass sich der Schwarm der Freundin ganz anders anhört, als der eigene. Das liegt daran, dass jede Vogelgruppe ihren eigenen Dialekt entwickelt. Kommt ein neuer Vogel in die bestehende Gruppe, wird er die erste Zeit kaum Laute von sich geben, da er zuerst dem Dialekt des Schwarms genau zuhört, um ihn zu lernen. Denn wenn er ihn kennt, wird auch er schneller Beachtung finden und Antwort auf seine Laute erhalten. Wird man verstanden, kann man sich leichter in eine Gruppe integrieren und wird schneller akzeptiert.

Der neue Vogel wird bald ausprobieren, wie seine Laute, die er aus seiner früheren Familie mitbringt, bei den Kollegen ankommen. Es ist möglich, dass er einige seiner erlernten Laute wieder verwerfen wird. Oder dass der Dialekt der bestehenden Gruppe durch die Laute des Neuankömmlings erweitert wird. Doch auch bei unveränderten Schwärmen entwickeln sich die Lautäußerungen stets ein Leben lang weiter. Kreativ werden einzelne Laute ergänzt, um Nuancen verändert, oder neu kombiniert und manches auch wieder verworfen. Bemerkenswert ist, dass Hähne, die die Kontaktrufe der Hennen gut imitieren können, bei der Partnerwahl bevorzugt werden. Vielleicht gilt es für die Henne als ein Beweis, dass der werbende Hahn ernste Absichten hegt und damit als zuverlässiger Brutpartner vorzugsweise in Frage kommt.

GELERNTER WORTSCHATZ

Konkrete Lautäußerungen sind bei Papageien wie dem Wellensittich nur zu einem kleinen Teil genetisch bedingt. Sie sind folglich darauf angewiesen, ihre Sprache durch Vorbilder zu erlernen. Jungvögel müssen sich also erst einen Großteil ihres „Wortschatzes" aneignen und einüben, bis sie im Stande sind, ihn zu beherrschen.

Sie lernen ihr Leben lang durch Nachahmung ihrer Artgenossen. Dabei bedienen sie sich als hervorragende Imitationskünstler auch aus den Geräuschen, die sie in ihrer Umgebung wahrnehmen. Das kann der Klingelton eines Telefons sein oder die Laute von anderen Wildvögeln, die sie wahrnehmen, und in ihre Laute und Liedstrophen einweben. So entsteht und verfeinert sich ihre Sprache stets aufs Neue.

VERLERNT

Für die Entwicklung eigener Lautäußerungen, das Antworten auf Rufe und die Imitation sind die Wellensittiche von ihren Artgenossen abhängig und brauchen sie immer um sich. Denn werden erwachsene Wellis von ihresgleichen getrennt, verlernen sie mit der Zeit mehr und mehr ihre eigene Sprache. Allein gehaltende Jungvögel hingegen haben nie eine Chance, sich diese anzueignen und einzuprägen.

GEZIELT EINGESETZT

Wir Menschen sind also nicht die Einzigen, die die Fähigkeit besitzen, Sprache als Kommunikationsmittel zu nutzen. Und: Papageien sind alles andere als sinnlose Nachplapperer, wie man lange glaubte. Sie wissen aufgrund ihrer Intelligenz sehr wohl, ihre Laute gezielt und in einer bestimmten Situation einzusetzen. Werde ich also gefragt, ob meine Wellensittiche sprechen können, antworte ich gern und voller Bewunderung über ihr Sprachtalent: „Ja, sie sprechen ausgezeichnet „wellensittisch!"

TAKTGEFÜHL

Man war lange davon überzeugt, dass nur Menschen ein musikalisches Rhythmusgefühl besitzen. Nur Lebewesen mit einer hoch entwickelten Hirnstruktur, die in der Lage sind, Laute im Sinne einer Sprache zu bilden, sind dazu fähig. Bisher weiß man von 14 Papageienarten, die diese Fähigkeit haben.

Lieb und zurückhaltend? – Oskar hält nicht immer den Schnabel.

01

02

01 *Stella startet frisch geduscht in den Tag.*

02 *Da ist ja noch Weide vom Vortag übrig. Die muss weg, dann gibt es bestimmt was Neues.*

03 *Jetzt noch was Saftiges hinterher.*

04 *Und was machen wir jetzt …? Spielt hier jemand mit mir?*

05 *Dann halt nicht! Mit Hugo kuscheln ist genauso gut.*

03

Kommunikation auf „Wellensittisch“ — Vogelgeflüster

04

05

Wellensittich-Dame Stella war oft daran interessiert, welcher Beschäftigung ich gerade nachging, und wollte, dass ich sie teilhaben lasse. Dazu ging sie nah auf mich zu und ihre Blicke verfolgten jede meiner Bewegungen. Habe ich sie ignoriert, weil ich gerade nicht viel Zeit beziehungsweise sie schlicht und einfach übersehen hatte, verlieh sie ihrem Wunsch besonderen Nachdruck: Mit einem eigens dafür entwickelten Gurrlaut versuchte sie, meine Aufmerksamkeit zu erregen, um mir mit dieser speziellen Lautäußerung mitzuteilen: „Lass mich mitspielen!“
Den Laut hat sie ausschließlich für diese Situation verwendet. Dann bin ich, selbst wenn die Zeit knapp war, zumindest kurz auf ihren Spielwunsch eingegangen, um ihr damit zu zeigen: „Ja, ich habe dich verstanden!“ So war es für Stella nicht schwer, ihren Spielwunsch mir gegenüber deutlich zu kommunizieren. Denn sie wusste anhand meiner Reaktion, dass ich sie verstanden hatte.

Sozialleben, Verhalten und Körpersprache

Einer kleinen Gruppe von Wellensittichen beim Wirken und Walten zuzusehen, ist faszinierend und kann spannender sein, als manche Seifenoper.

Jeder der kleinen Australier besitzt seine ganz eigene und einzigartige Persönlichkeit. Es gibt mutige Draufgänger und stürmische Kraftprotze genauso wie souveräne Diplomaten oder besonnene und fürsorgliche Gemüter. Ihr Verhalten und soziales Miteinander ist dabei so facettenreich wie das Leben selbst. Sie kommunizieren gemeinsam auf vielfältige Art und Weise durch Lautäußerungen oder anhand von Körpersprache. Ihre Verhaltensweisen sind ihnen dabei überwiegend angeboren. Allerdings müssen die Jungtiere noch Erfahrungen sammeln und lernen erst durch den Kontakt mit ihren Artgenossen, sie entsprechend einzusetzen und zu optimieren. Ein Raubein wird erfahren, dass er mit seiner Art nicht gut ankommt, und ein zurückhaltender Geselle wird sich behaupten müssen, um auch zum Zug zu kommen. Als Nomaden zeigen Wellensittiche kein Territorialverhalten, da ihre wilden Verwandten nicht an feste Streifgebiete gebunden sind und sie gegen Konkurrenten verteidigen müssen. Zudem gibt es keine Rangordnung. In freier Natur sind sie es gewohnt, dass kleinere und größere Gruppen bei den Wanderungen zur Futtersuche dazustoßen und sich der Schwarm nach einer gewissen Zeit auch wieder teilt. Insofern leben sie nicht in klar strukturierten Familienverbänden zusammen. Lediglich feste Paare bleiben zusammen, damit sie bei günstigem Nahrungsaufkommen schnellstmöglich mit dem Brutgeschäft beginnen können. Das macht in der Heimtierhaltung – sofern man ein paar grundsätzliche Regeln beachtet – ihre Vergesellschaftung mit Artgenossen recht unkompliziert. Kommt ein fremder Vogel in den bestehenden Schwarm, wird er meist erst einmal neugierig beäugt und sonst nicht weiter beachtet. Das Kennenlernen findet ganz allmählich statt. Der Neuling wird es auch nicht schwer haben, sich zurechtzufinden. Denn wenn er als Jungtier die Verhaltensweisen seiner Artgenossen gelernt hat, weiß er sie einzuschätzen und kann angemessen darauf reagieren.

Hauswellensittiche in einer kleinen Gruppe sind in der Regel über einen langen Zeitraum vereint und kennen sich entsprechend gut. Sie wissen den Charakter des anderen einzuschätzen und können absehen, vor wem sie sich in bestimmten Situationen besser in Acht nehmen sollten und wer weniger Durchsetzungskraft zeigt. Dennoch gibt es keine festen Hierarchien unter den Wellensittichen und so entscheidet oft der jeweilige Umstand, wie zum Beispiel eine vorteilhaftere Ausgangsposition, wer sich behauptet.

Die Freibadsaison ist eröffnet. Und wenn sich einer traut, zieht der restliche Schwarm bald nach.

SOZIALLEBEN

Das Leben der Hauswellensittiche unterscheidet sich stark von dem der australischen Verwandten. Sie wohnen immer am selben Ort, müssen keine Feinde fürchten und sind stets mit ausreichend Nahrung versorgt. Ihre Umgebung erkunden sie gern sehr gründlich, denn das Gehirn der domestizierten Vögel ist, wie bei ihren freilebenden, nomadischen Vorfahren, darauf ausgerichtet, Unbekanntes auf intelligente Weise auszumachen. Deswegen benötigen Hauswellis immer wieder neue Anreize, damit sie gefördert werden und sich nicht langweilen.

Paare oder Gruppen wilder Wellensittiche werden hin und wieder durch einen Angriff auseinandergerissen und verlieren sich auf der Flucht oder das Partnertier fällt dem Angreifer zum Opfer. Um zu überleben und sich erfolgreich fortzupflanzen, müssen sich die Tiere schnell auf neue Gegebenheiten einstellen. Da bleibt nicht viel Zeit, um lange einem verlorenen Partner oder der gewohnten Truppe nachzutrauern.

Bei Hauswellis ist das anders, sie sind dauerhaft zusammen. Die Tiere haben sich ausgiebig kennengelernt und es können sich innige und komplexe Verbindungen innerhalb der Gruppe entwickeln. Beim Kontakt mit den Artgenossen unterscheiden sich Hahn und Henne wesentlich im Verhalten voneinander, meist ist der Hahn der aktivere Geselle. Die Henne legt oft ein eher passives Benehmen an den Tag und ergreift beim Umgang mit den Schwarmmitgliedern wenig Initiative. Das ist für den Halter bei der Auswahl der Vögel von entscheidender Bedeutung. Denn erst die richtige Geschlechterzusammensetzung sorgt für die Voraussetzungen, dass die Vögel ein harmonisches und erfülltes Sozialleben führen können.

GEGENGESCHLECHTLICHE PÄRCHEN

Hat ein Männchen ein Weibchen auserkoren, die er gern zur Partnerin hätte, wird er bald entschlusskräftig den Kontakt zu ihr aufnehmen. Dabei wird die Angebetete balzend mit perlendem Gesang, Kopfnicken und aufgestelltem Kopfgefieder umworben. Ist die Henne an dem Verehrer nicht interessiert, wird sie ihren Oberkörper zurücklehnen, um seinen Annäherungsversuchen auszuweichen. Reagiert er nicht, droht sie mit geöffnetem Schnabel und keckernden Lauten. Wird auch diese Warnung nicht wahrgenommen, wird sie versuchen, sich mit Schnabelhieben zu verteidigen, oder empört davonfliegen. Ist sie hingegen dem Werben des Hahnes nicht abgeneigt, wird sie sich bald von ihm füttern lassen. Dabei nimmt sie – ähnlich wie ein Jungtier – eine Bettelposte ein, indem sie den Kopf in den Nacken legt, den Schnabel dabei schnell auf und zu macht und manchmal auch mit zirpenden Lauten signalisiert, dass sie sich von ihm füttern lassen möchte. Solche Paarbildungen können sich in nur wenigen Tagen vollziehen, aber es kann auch Wochen andauern, bis sich ein Paar gefunden hat. Hat sich ein Pärchen vereint, lässt sich gut beobachten, dass sie von nun an oft die Nähe des anderen suchen. Häufig sitzen sie beisammen, fliegen miteinander oder kraulen sich gegenseitig das Gefieder, dies ist ein Zeichen inniger Zuneigung.

MÄNNLICHE PÄRCHEN UND DICKE KUMPELS

Doch es gibt nicht nur gegengeschlechtliche tiefe Bindungen bei Wellensittichen. Häufig entstehen auch sehr enge Männerfreundschaften zwischen zwei Hähnen. Obwohl Weibchen im Schwarm leben, ziehen sie ihren Kumpel den Hennen vor. Sie zeigen dabei oft die gleichen Verhaltensweisen, wie die eines festen Paares zwischen Männchen und Weibchen. Liebevoll kraulen und füttern sie sich, balzen häufig miteinander und ziehen gern gemeinsam durch die Gegend. Bei allen Paaren, unabhängig ob gleich- oder gegengeschlechtlich, kann man beobachten, wie sie sich mit einem Schnabelberührungsritual

Ein Freund, ein guter Freund, ist das Beste, was es gibt auf der Welt ...

begrüßen oder mit Kontaktrufen ihren Partner suchen, wenn sie ihn eine Weile aus den Augen verloren haben. In Schwärmen ist auch häufig zu sehen, dass ein Hahn, der mit einer Henne verpaart ist, auch eine oder mehrere enge freundschaftliche Beziehungen zu guten Kumpeln pflegt. Ist seine Angetraute – was bei den passiven Hennen öfter der Fall ist – nicht in der Stimmung, mit ihm etwas zu unternehmen, ist der Kumpel ein guter Ausgleich, um mit ihm durch die Gegend zu zwitschern, Wettflüge zu veranstalten und ausgiebig miteinander zu balzen.
Paare und dicke Freunde, die sich gefunden haben, sollte man nie trennen. Es wäre ein schmerzlicher Verlust für sie, ihren Partner zu verlieren, und sie würden darunter leiden.

TREUE

Derartige Pärchen-Bindungen halten manchmal ein Leben lang, müssen es aber nicht. So ist es durchaus nichts Ungewöhnliches, dass ein Neuankömmling, der zu einer Welligruppe hinzukommt, das Bindungsgeflecht des Schwarms neu aufmischt.
Möglicherweise trennt sich eine Henne von ihrem Partner, da sie in dem Neuling die große Liebe findet, er besser zu ihr passt und sie ihn schlichtweg bevorzugt.
Oder ein Hahn, der schon fest verpaart ist, findet die neu angekommene Henne auch äußerst attraktiv und er wird zukünftig Beziehungen zu beiden Hennen pflegen. Ganz eifrige Hähne finden es auch nicht verwerflich, sich mit jeder Henne in der Gruppe zu verpaaren. Man weiß ja nie, was kommt.
Trotzdem gibt es bei polygamen Verhältnissen so etwas wie eine Hauptfrau und Nebenfrauen. Denn bei all den Liebesbekundungen des Hahnes seinem Harem gegenüber ist das Köpfchenkraulen nur seiner größten Herzensdame vorbehalten. Auch eine Henne, die sich gleich mit zwei Liebhabern verpaart, ist nicht selten.
So können in kleinen oder größeren Wellensittichgruppen die unterschiedlichsten Beziehungsgeflechte auftreten. Das Leben schreibt bekannterweise die besten Geschichten. Es gibt treue Seelen und andere, die das Leben in vollen Zügen auskosten.

Diese Dame hat ihm ganz schön den Kopf verdreht.

Vogelhochzeit, schon ist man unter der Haube.

Weiblich, ledig, jung sucht …

Auch Eifersüchteleien kommen vor, und es ist nicht ungewöhnlich, dass ein Fremdgänger von seiner schimpfenden und zeternden Angetrauten beim Flirten mit einer anderen ertappt wird. Nebenbuhler, die sich offenkundig an die bereits vergebene Henne heranwagen, um sie zu erobern, werden verjagt.

Hähne und Hennen versuchen manchmal, ihr Fremdgehen vor dem Partner zu verheimlichen: Erst wenn dieser außer Sicht ist, balzen oder kopulieren sie mit dem fremden Vogel. Vermutlich steigt das Risiko, als untreuer Partner im Regen zu stehen und verlassen zu werden, wenn man dabei erwischt wird. Das mag vielleicht daran liegen, dass ein treuer Partner verlässlicher erscheint, was bei der Aufzucht des Nachwuchses von Vorteil ist. Als Halter sollte man darauf achten, die Sache mit der Treue nicht allzu sehr mit menschlichen Werten gleichzusetzen, wenn sich eine Partnerschaft auflöst bzw. verändert. Denn in der Natur hat alles seinen Sinn: Wurden die Tiere durch einen Fressfeind getrennt oder kam einer ums Leben, ist es nützlich, sich zügig auf einen neuen Partner einzulassen, um das eigene Fortbestehen zu sichern. Und es schadet sicher nicht, schon den nächsten Partner in petto zu haben.

TRAUER – WENN DER PARTNER GEHT

Verliert ein Vogel seinen Partner, zu dem er eine innige Bindung hatte, wird er ihn schmerzlich vermissen. Oft hört man über einige Tage hinweg, wie er mit eindringlichen Kontaktrufen wiederholt versucht, seinen Gefährten zu finden. Einem Sittich, der in einer kleinen Gruppe lebt, hilft die Anwesenheit seiner Schwarmkollegen und lenkt ihn von seinem Schmerz ab. Mit etwas Glück wird er sich bald einem neuen Partner aus der Gruppe zuwenden. Auf jedem Fall aber bleiben ihm seine Spielkameraden. Stammt das verwitwete Tier dagegen aus einer Pärchenhaltung, muss der Wellensittich nicht nur seinen Verlust bewältigen. Denn mit dem Tod des Gefährten bleibt er ohne einen Artgenossen zurück. Einem solchen Vogel hilft man am besten, indem man ihn nicht lang allein lässt und ihm schnellstmöglich wieder einen neuen Partner dazugesellt. Ihm Zeit für die Trauerbewältigung zu geben, ist eher kontraproduktiv.

FACETTENREICHES LEBEN IM SCHWARM

Ein kleiner Schwarm ist mit Sicherheit die ideale Form für die Tiere, ihre Bedürfnisse auszuleben. Gemeinsam ist das Leben viel bunter und die Aktivität der Vögel steigt ungemein, es ist lebhafter, munterer und spannender. Erst im Schwarm entfalten sie ihr hochgeselliges Potenzial in voller Größe. Hat ein mutiger Geselle sich entschlossen, auf Erkundungstour zu gehen oder das neue Spielzeug zu begutachten, werden ihm bald ein paar Artgenossen folgen.

Beginnt ein Tier mit der Gefiederpflege, hat das eine ansteckende Wirkung und andere Mitglieder machen es ihm nach. Das geht so weit, dass man bei festen Paaren immer wieder eine Art Synchronputzen beobachten kann: Zuerst wird gleichzeitig das Gefieder am Bauch geordnet und im Anschluss werden die Federn des rechten und dann des linken Flügels synchron durch den Schnabel gezogen. Nach der gemeinsamen Siesta kann man beobachten, wie ein Vogel nach dem Schlaf die Flügel reckt und streckt und gleich darauf alle anderen mitmachen und ebenfalls ihre Glieder strecken. Selten wird man nur ein Tier beim Fressen sehen, denn allein der Futterneid lockt die Vogelkollegen an. In einer Gruppe beschäftigt sich ein Vogel immer mit irgendetwas. Er steckt die anderen an, denn der Schwarm ist wie eine eingeschworene Gemeinschaft.

In einem lebhaften Schwarm sind kleine Meinungsverschiedenheiten an der Tagesordnung.

Ganz großes Kino
— mit Suchtgefahr

Meistens befindet sich in einer kleinen Gruppe mindestens ein Tier, das besonders vorwitzig und mutig ist und die anderen mitzieht. Das Ergebnis ist ganz großes Kino!

- **Spektakuläre Stunts** Die Vögel hängen kopfüber, machen akrobatische Purzelbäumen an dünnen, wippenden Zweigen und liefern sich atemberaubende Flugshows.
- **Große Gefühle** Von Ehedramen, Eifersüchteleien sowie der ergreifenden Trauer eines verwitweten Sittichs. Und die innige Liebe zweier Vögel, die sich gemeinsam eine Schlafschaukel teilen und sich Kopf an Kopf zärtlich aneinanderkuscheln.
- **Tratsch und Klatsch** Leises Murmeln, Chorgezwitscher und lautstarke Wortbeiträge erfüllen den Raum.
- **Streitereien** Die Vögel tricksen einander gekonnt aus, um ein Leckerchen zu stibitzen, ziehen sich an den Schwanzfedern und zetern wegen des besten Schlafplatzes.
- **Harte Arbeit** Sie tragen Glöckchen, schreddern Korkröhren, Buchrücken und Tapeten oder werfen Gegenstände vom Regal.

Sie sind Clowns und bringen ihre Halter zum Lachen, Staunen und zur Weißglut. Sie ziehen in den fesselnden Bann der unaufhörlich erstaunlichen Schwarmgeschichten einer Vogelgruppe – eine wahre Soap! Bei weitem ist nicht jede Truppe gleich. Die aufgeweckten und begabten kleinen Wellensittiche entwickeln eine ganz eigene und individuelle Gruppendynamik. Da werden beispielsweise Gewohnheiten eines Tieres übernommen, die sich im gesamten Schwarm verbreiten. Und es gibt Modeerscheinungen: Mal ist ein Sitzplatz ganz toll und jeder will ihn, dann ist er eine Zeitlang out, bis er wieder neu entdeckt wird. Oder es gibt besondere Rituale, zum Beispiel, wann und in welcher Reihenfolge die Vögel sich zur Nachtruhe einfinden.

01

02

03

04

01 Einen auf Fledermaus machen.

02 Schreddern, Schnipseln, Häckseln, Zupfen: Ein himmlisches Vergnügen!

03 Salto im Gemüse: Wenn das keine 10,0 in der B-Note gibt!

04 Nichts an der Korkröhre verkommen lassen: anpeilen, anfliegen, unten festkrallen und losschreddern.

01

KLEINES VERHALTENS-LEXIKON

Die Fähigkeit, die Körpersprache und die Verhaltensweisen unserer Wellensittiche richtig deuten zu können, ermöglicht dem Halter einen tiefen Einblick in die Welt der kleinen Papageien. Es bereichert ungemein, wenn wir unsere Tiere kennen und verstehen. Zudem ist es sehr hilfreich, stets zur Kenntnis zu nehmen, was in der Gruppe vor sich geht. Gibt es zwei Hähne, die rivalisierendes Verhalten zeigen, weil sie um die Gunst des gleichen Weibchens werben? Wirkt ein Tier krank? Oder ist eine Henne in Brutstimmung geraten, da sie an ungeahnter Stelle eine Nistmöglichkeit gefunden hat? So kann man Auffälligkeiten und Probleme frühzeitig erkennen und entsprechend handeln. Doch glücklicherweise treten unter den Wellensittichen eher selten Schwierigkeiten auf. Hier finden Sie typische Verhaltensweisen.

02

01 Siesta zur Mittagsstunde.

02 Gepflegt vom Schnabel bis zur Schwanzspitze.

03 Gähnen hat für Wellis eine genauso ansteckende Wirkung wie für uns Menschen.

04 Nach dem Schläfchen werden erst einmal ordentlich die Glieder gestreckt.

03

04

GLIEDER STRECKEN

Ein Bein und ein Flügel werden synchron, meist nach dem Ruhen, gestreckt.

KÖRPERPFLEGE

Das Gefieder wird mehrmals täglich ausgiebig geputzt und sortiert. Einzelne Federn werden hierbei durch den Schnabel gezogen und in die korrekte Position gebracht. Gelegentlich wird auch das Federkleid geschüttelt, um Federn, die sich nicht in der richtigen Lage befinden, zu ordnen. Zudem wird das Gefieder mit dem Fett der Bürzeldrüse gepflegt. Auch die Füßchen werden beim Reinigen beknabbert. Nach der Nahrungsaufnahme wird häufig der Schnabel an Gegenständen gerieben.

GEFIEDER AUFPLUSTERN

Das Aufplustern des Gefieders eines Wellensittichs kann mehrere Ursachen haben: Wohlfühlen, Müdigkeit, Schlafen, Frieren oder Krankheit. Die Gefiederstellung unterscheidet sich dabei in kleinen Nuancen und hilft, das Befinden des Tieres richtig zu erkennen.

SCHLAFEN, FUSS EINZIEHEN

Das Federkleid wird aufgeplustert und der Kopf um fast 180 Grad gedreht, um ihn beim Schlafen unter einen der Flügel zu stecken. Um die Beine zu entlasten, wird tagsüber mal das linke, mal das rechte Beinchen während des Dösens oder Schlafens ins Gefieder eingezogen.

SCHNABELKNIRSCHEN

Ein Zeichen der Behaglichkeit ist, dass manche Wellensittiche beim Ruhen oder vor dem Einschlafen mit dem Schnabel knirschen, indem sie den Unterschnabel gegen den Oberschnabel reiben.

GÄHNEN

Auch Sittiche gähnen, wenn sie müde sind oder Sauerstoffmangel haben. Außerdem ist das Gähnen ebenso ansteckend unter Artgenossen wie bei uns Menschen. Doch auch ein Reflexpunkt unterhalb der Ohröffnung kann ein Gähnen auslösen. Das kann beim Kratzen, Kraulen oder durch eine querstehende Feder ausgelöst werden.

01 Basilikum mit berauschender Wirkung.

02 Wellis haben einen angeborenen starken Nagetrieb, ganz besonders die Weibchen. Im Freiland müssen sie bei Bedarf Bruthöhlen vergrößern.

03 Sommertag: Chilli ist es draußen zu heiß geworden und flüchtet in den Schatten.

04 Köpfchenreiben: Neue Federn können ganz schön jucken.

01

ANGST, ERSCHRECKEN

Jede Aktivität wird augenblicklich unterbrochen. Der Sittich legt das komplette Gefieder ganz eng an den Körper an (er macht sich dünn) und richtet sich hoch auf oder duckt sich mitunter, um in dieser Position sofort starten zu können. Die Augen sind weit aufgerissen und seine Pupillen verengen sich, während die Atmung sich rasant erhöht. Er bewegt sich dabei kaum, um nicht aufzufallen.

02

FLÜGEL ABSPREIZEN

Ist einem Vogel zu warm, legt er das Gefieder dicht an den Körper an, um die aufwärmende Luftschicht zwischen den Federn herabzusetzen. Zugleich spreizt er beide Flügel ab, sodass die Luft auch unter den Flügeln herankommt und für ein wenig Kühlung sorgt.

HECHELN

Ist der Vogelkörper überhitzt, legen die Vögel das Gefieder eng an und spreizen die Flügel ab. Reicht das nicht aus, öffnen sie den Schnabel und atmen rasch die Luft ein und aus. Meist wird dabei auch die Zunge leicht herausgestreckt. Über den Mundraum und das Atmungssystem wird Flüssigkeit verdunstet, was dem Körper zur Wärmeregulierung verhilft. Bis auf ein paar Schweißdrüsen hinter den Ohren besitzen die Wellis nämlich keine.

03

04

KOPFREIBEN, KRATZEN

Nicht jede Stelle des Körpers kann der Vogel mit seinem Schnabel erreichen. Juckt beispielsweise das Köpfchen, muss sich das Tier selbst helfen. Hierfür wird der Kopf an Gegenständen gerieben. Gerade in der Mauser jucken die Federn, die noch in den Hülsen stecken, und das Kopfreiben verschafft Erleichterung. Auch Kopfkratzen hilft: Dazu führen die Wellensittiche den Fuß unter den Flügel nach oben und kratzen sich kräftig.

PROPELLERN

Beim Propellern trainieren die Nestlinge ihre Flugmuskulatur bereits in der Bruthöhle, dieses Verhalten kann man bei jungen oder auch bei flugunfähigen Vögeln beobachten. Dabei hält sich das Tier mit den Füßen auf dem Ast fest und schlägt kräftig mit den Flügeln. Jungvögel bereiten sich so auf ihre ersten Flüge vor. Sittiche, die aufgrund eines Unfalls oder einer Krankheit ihre Flugfähigkeit verloren haben, trainieren ihre Flugmuskulatur weiterhin durch Propellern.

NAGETRIEB

Wellensittiche nagen für ihr Leben gern, besonders die Weibchen. Das rührt daher, dass die Hennen vorhandene Astlöcher gegebenenfalls mit dem Schnabel erweitern müssen, damit sie darin brüten können. Dieser Nagetrieb ist für die Fortpflanzung überlebenswichtig und entsprechend stark ausgeprägt. Stellt man den Vögeln ausreichend Material wie frische Zweige und Kork zur Verfügung, besteht zumindest eine kleine Chance, dass Tapeten, Bücher und Möbel von den emsigen Schnäbeln verschont bleiben – manchmal aber auch nicht!

EINPARFÜMIEREN

Bei vielen Wildvogelarten ist es bekannt, dass sie Kräuter mit ätherischen Ölen nutzen, um damit Parasiten und Insekten abzuwehren. Bei einigen Wellensittichen kann man dieses Verhalten auch beobachten. Dabei können sie regelrecht in eine Art Rausch geraten, wenn sie Pflanzenteile zerbeißen und sich den Saft ins Gefieder reiben.

FUTTERBETTELN

Möchte das Weibchen vom Männchen gefüttert werden, nimmt sie die Bettelpose vor ihm ein, wie die eines Jungtieres. Dabei legt sie den Kopf in den Nacken, öffnet und schließt mehrfach rasch den Schnabel und gibt zum Teil auch zirpende Bettellaute von sich.

KOPFKRAULEN

Ein Vogel krault den anderen im Kopfbereich. Dieses Verhalten ist in aller Regel nur bei fest verpaarten oder sehr eng befreundeten Tieren zu beobachten und gilt als das eindeutigste Zeichen inniger Zuneigung.

SCHNABELBERÜHRUNGSRITUAL

Ein Ritual, das im Besonderen Paare pflegen. Pärchen, die sich eine Weile nicht gesehen oder sich eine Zeitlang nicht mit dem Partner beschäftig haben, begrüßen sich, indem sie, mit leisem Gebrabbel untermalt, ihre Schnäbel kurz berühren und sich dabei leicht verbeugen. Meistens wenden sie sich danach kurz voneinander ab und wiederholen das Begrüßungsritual erneut.

SCHNABELKLOPFEN

Das Schnabelklopfen ist ein Bestandteil der Balz, die der Partnerwerbung dient. Überwiegend die männlichen Wellensittiche klopfen dabei zwitschernd auf den Schnabel des Artgenossen, doch auch einige Weibchen zeigen dieses Verhalten. Meist folgt dem Schnabelklopfen ein aufgeregtes Kopfnicken. Vor allem Hähne klopfen auch gern als Ersatzhandlung an irgendwelche Gegenstände, wie Äste oder Spielzeuge, wenn kein Partner zur Verfügung steht. Oder sie tun es einfach nur aus Lust und Laune.

PARTNERFÜTTERUNG

Ein Vogel, meist das Männchen, übergibt dem anderen Futter, das er aus dem Kropf hervorwürgt. Dabei hält der empfangende Sittich den Kopf leicht schräg, sodass sich die beiden Schnäbel während der Futterübergabe

01

ineinander verhaken. Die Fütterung ist oft unter verpaarten Tieren während der Balz zu sehen sowie als ein Ritual nach der Kopulation. Manchmal kann die Fütterung aber auch zur Beschwichtigung beim Streit dienen. Für ein weibliches Tier ist die Partnerfütterung von großer Bedeutung. Denn so erfährt es, ob ihr Partner im Falle einer Brut gut für die Familie sorgen kann.

KOPULATIONSSTELLUNG

Die Henne zeigt ihre Paarungsbereitschaft an, indem sie ihr Kreuz durchdrückt, den Kopf in den Nacken legt und die Schwanzfedern nach oben hebt. Diese Stellung ermöglicht dem Hahn, auf die Partnerin aufzusteigen.

BALZ

Die Balz dient der Partnerwerbung, dabei sind folgende Balzaktivitäten typisch: aufgestelltes Stirngefieder, Gesang, Schnabelklopfen, Kopfnicken, verengte Pupillen,

02

03

01 *Einzigartig in der Vogelwelt: Der Hahn legt bei der Paarung den Flügel um die Henne.*

02 *Die Partnerfütterung vertieft die Bindung zueinander.*

03 *Die Henne ist zur Paarung bereit, gleich hebt sie die Schwanzfedern in die Höhe und der Hahn kann auf ihren Rücken steigen.*

aufgeregtes zum Partnertier Hin-und-her-Tippeln, gekreuzte Flügelspitzen, Partnerfüttern, Balzflug. Hierbei umkreist das Männchen das Weibchen im schnellen Flug. Es setzt sich wieder neben die Henne, balzt sie weiter kopfnickend und schnabelklopfend an und wiederholt oft den Balzflug aufs Neue. In der Regel balzen vor allem die Hähne die Hennen an, doch manchmal ergreifen auch Weibchen die Initiative und drehen den Spieß einfach um.

DROHGEBÄRDEN

Ein bedrängter Vogel legt seinen Kopf in den Nacken, öffnet leicht den Schnabel und gibt keckernde Laute von sich. Das Stirngefieder ist eng angelegt. Mit dieser Körperhaltung droht das Tier dem anderen, dass es sich verteidigen wird, wenn es ihm weiterhin zu nah kommt. Der zurückgelehnte Kopf zeigt aber auch gleichzeitig eine Verteidigungshaltung an und signalisiert damit, dass es nicht auf einen Kampf aus ist.

01

Ist ein Vogel dagegen bereit, zur Not auch zu kämpfen, legt er den Kopf nicht in den Nacken, sondern richtet sich in voller Größe auf. Weicht keines der Tiere zurück, kommt es oft zu kurzen Schnabelgefechten und Fußtritten oder Scheinangriffen, indem knapp am Kontrahenten vorbeigehackt wird.
Kleine Auseinandersetzungen zwischen den Vögeln kommen recht häufig vor. Meist sind sie jedoch harmlos, da die Tiere in aller Regel schnell das Kräfteverhältnis in der unstimmigen Situation klären können und sich nicht ernsthaft verletzen möchten.

SCHNABELGEFECHT

Lassen zwei Kontrahenten trotz Drohgebärden nicht voneinander ab, kommt es zum Schnabelgefecht. Die Tiere bäumen sich auf und stoßen gegenseitig mit Hieben auf den Schnabel des Gegners ein. Der Unterlegene weicht zurück und ergreift die Flucht.

KAMPF

Geht eine Unstimmigkeit über das Kräftemessen hinaus, kann es zu einem gefährlichen Kampf kommen. Meist sind es zwei Weibchen, die sich um eine Bruthöhle streiten, oder zwei Männchen, die Besitzansprüche an die gleiche Henne stellen. Beim Kampf hacken die Vögel auf Kopf und Körper des Konkurrenten ein und verbeißen sich ineinander, der Gegner wird erbarmungslos attackiert. Auch die empfindlichen Beine und Füße werden meist nicht verschont und heftig gebissen. Oft versucht ein Tier das andere mit den Füßen am Flügel festzuhalten, um es in seiner Bewegungsfreiheit einzuschränken und zu Boden zu bringen. Bei derartigen Kämpfen besteht höchste Verletzungsgefahr, die schlimmstenfalls mit einem tödlichen Ausgang enden kann. Wird man als Halter Zeuge eines solchen Kampfes, sollte man eingreifen und die Tiere voneinander trennen.

02

03

01 Kampf oder Kräftemessen? Kopfgefieder und Schnabel verraten es: Hier wird nur gebalgt.

02 Fußauflegen beim Balzen unter Kumpels: „Hey, ich bin der stärkere Typ."

03 Hier wird gedroht, um Grenzen zu setzen.

TRETEN

Tritt ein Vogel einen anderen, kann dies unterschiedliche Gründe haben:

— Ein Männchen signalisiert der Partnerin seine Absicht zur Paarungsbereitschaft, indem es seinen Fuß auf ihren Rücken setzt.

— Auch unter eng befreundeten Hähnen kommt es manchmal vor, dass ein Hahn während der Balz mit seinem Freund den Fuß auf dessen Flügel setzt, als hätte es Kopulationsabsichten. Oder er tritt ihm gegen die Brust. Damit möchte der Vogel seinem Kumpel zeigen, dass er der dominantere ist. Weicht das getretene Tier zurück, ohne sich zur Wehr zu setzen, ist er das schwächere. Verteidigt sich der Vogel dagegen und zeigt ebenfalls Dominanzverhalten, kann es gut sein, dass der andere, der angefangen hat, in die Defensive geht und ausweicht. Dieses Dominanzgehabe ist harmlos und dient lediglich dazu, auszutesten, wer der stärkere Typ ist.

— Zeigt eine Drohgebärde zwischen zwei Rivalen keine Wirkung, kann es dazu kommen, dass ein Vogel dem anderen gegen den Rumpf oder die Flügel tritt. Ist der getretene Gegner nun eingeschüchtert, gilt er als der Unterlegene. Damit ist die Auseinandersetzung geklärt und schnell beendet. Manchmal setzt sich der Getretene jedoch seinerseits mit Schnabelhieben oder Tritten zur Wehr. Meist sind kleine Streitereien nach wenigen Augenblicken geklärt. Kommt es jedoch zu einem ausgewachsenen Kampf, besteht ernsthafte Verletzungsgefahr.

ÜBERSPRUNGSHANDLUNG

Wer kennt es nicht, eine peinliche Situation, die verlegen macht? Wellis kennen dieses Gefühl offenbar auch. Fällt ein Sittich beispielsweise tollpatschig von der Stange, während er seine Auserkorene voller Inbrunst anbalzt, beginnt er danach, eifrig Körnchen zu picken. Sieht man jedoch genauer hin, merkt man, dass der Vogel die Körnchen gar nicht frisst, sondern nur darin herumscharrt oder sie wieder ausspuckt. Er täuscht dabei nur vor, dass er gerade dringend fressen muss. Der Vogel reagiert in solchen Fällen mit einem der Situation unpassenden oder unangemessenen Verhalten. Mit dem Ablenkungsmanöver versucht er anscheinend, sein Missgeschick zu überspielen. Dabei können die Ablenkungsmanöver ganz unterschiedlich sein und zu widersinnigen – aber sozial neutralen – Reaktionen wie Schnabelreiben, Gefiederputzen oder Astbenagen führen. Auch Unentschlossenheit und Verunsicherung können zu diesem Benehmen führen.

Nachwuchs und Verhütung

Das Brutgeschäft ist eine kräftezehrende Angelegenheit für die fürsorglichen Sitticheltern, bis die nackten und hilflosen Nestlinge flügge sind und ihre Kinderstube verlassen.

KRITISCHE GEDANKEN ZUR ZUCHT

Wer ein Paar oder mehrere Pärchen hält, wird sich vielleicht früher oder später die Frage stellen, ob er die Wellensittiche brüten lassen möchte. Sich fortzupflanzen ist ein natürlicher Antrieb, der zur Erhaltung jeder Art notwendig ist und sich gewiss mit einer naturnahen Haltung deckt. Manch ein Vogelbesitzer hegt gar den großen Wunsch, einmal die aufregende Zeit mit Wellensittich-Nachwuchs hautnah mitzuerleben.

KNOW HOW

Doch bei all dem Verlangen, kleine Küken heranwachsen sehen zu wollen – eine mit Sicherheit spannende Angelegenheit –, sollte man als verantwortungsbewusster Mensch kritisch überlegen, ob die Idee wirklich so gut ist, denn die Aufzucht des Nachwuchses kann mit erheblichen Komplikationen und Gefahren für die Gesundheit und das Leben der Henne und deren Jungen verbunden sein. Es erfordert ein umfangreiches Fachwissen über das Züchten von Wellensittichen, um seine Schützlinge nicht unbedacht in Gefahr zu bringen und bei auftretenden Problemen entsprechend vorbereitet zu sein. So sind einem verantwortungsvollen Züchter Risiken bekannt wie zum Beispiel Legenot, Legezwang, Legedarmvorfall, Spreizbeine und Gefiederstörungen der Nestlinge. Oder Elterntiere, die plötzlich gegen ihre Jungen aggressiv werden und sie zu rupfen beginnen. Oder sie nicht füttern, sodass er im Notfall entsprechend handeln kann. Auch spielt das Alter der Wellensittiche eine wesentliche Rolle, denn bei zu alten oder zu jungen Vögeln sind Schwierigkeiten vorprogrammiert.
Halter sollten sich deswegen im Vorfeld sehr gründlich mit der Thematik des Züchtens beschäftigen, bevor man sich gegebenenfalls für eine Brut entscheidet.
Trotz des Wegfalls der Psittakoseverordnung ist auch eine amtliche Zuchtgenehmigung ab einem bestimmten Ausmaß erforderlich, beziehungsweise wenn die Zucht gewerblich betrieben wird.

TIERSCHUTZASPEKTE

Zudem gibt es unzählige Wellensittiche, die laufend ein neues Zuhause suchen. Häufig werden diese Tiere leichtfertig angeschafft und das Interesse an den kleinen Sittichen erlischt nach kurzer Zeit. So sind Verkaufsportale und Internetforen mit privaten Anzeigen von abzugebenden Wellensittichen regelrecht überschwemmt. Auch in Tierheimen und Tierschutzorganisationen landen letzten Endes viele der kleinen Australier, weil sie Dreck machen, laut sind oder aus welchen Gründen auch immer nicht mehr gewollt werden. So stellt sich zwangsläufig die Frage, warum man selbst für weiteren Welli-Nachwuchs sorgen will, wenn der Markt überfüllt ist mit Angeboten von liebenswerten Abgabegeschöpfen, die kein Zuhause haben und dringend eine neue Bleibe suchen.

VERHÜTUNG

Wer gern ein Pärchen halten will, hat es recht leicht, unerwünschten Nachwuchs zu verhindern. Denn sofern kein Nistkasten oder höhlenähnliche Gebilde angeboten werden, kommt es in aller Regel auch nicht zur Eiablage. Allerdings sind die Sittiche manchmal ganz schön erfinderisch und nutzen offene Schubladen, eine Nische im Bücherregal oder einen Korb als Bruthöhle. Sobald man dies bemerkt, sollte man das Objekt der Begierde entfernen oder unzugänglich machen. Kommt es dennoch zur Eiablage, kann man das erste und zweite Ei einfach wegnehmen, meist ist die Sache damit erledigt.

Die Familienplanung bei Wellis ist einfach.

Wer Pärchen hält, sollte alle Höhlen verschwinden lassen, bevor sich die Henne darin einnistet.

Der werdende Vogelvater versorgt seine Partnerin während der Brut mit Nahrung.

TAUBES EI

Schlagen alle Bemühungen fehl und legt die Henne dennoch weitere Eier, sollte man die Eier sterilisieren. Dazu wird jedes gelegte Ei abgekocht, mit einer Nummer beschriftet, um sie nicht mit neu gelegten Eiern zu verwechseln, und der Henne (abgekühlt) wieder untergeschoben. Jedes neu gelegte Ei sollte nicht älter als 24 Stunden sein, wenn es gekocht wird, da sich der Embryo schnell entwickelt.

Man kann auch Kunsteier im Fachhandel kaufen, die man gegen die gelegten austauscht. Denn beim Sterilisieren der Eier besteht die Gefahr, dass sie kaputt gehen. Würde man die Eier einfach nur wegnehmen, wird die Henne weiterhin nachlegen, was sehr kräftezerend für sie ist und bis hin zur völligen Erschöpfung gehen kann. Zudem steigt die Gefahr einer lebensgefährlichen Legenot (das Ei steckt im Legedarm fest).

WENN WELLENSITTICHE ELTERN WERDEN

Hat sich ein brutwilliges Paar zusammengefunden und eine geeignete Nisthöhle entdeckt, können sich die Vogeleltern bald auf Nachwuchs freuen. Zur Paarung drückt das Weibchen den Rücken durch, legt den Kopf in den Nacken und streckt die Schwanzfedern nach oben. Das Männchen steigt auf ihren Rücken auf und balanciert sich mit einem Flügel aus, indem er ihn um das Weibchen legt. Die Kloaken werden aneinandergedrückt, damit der Samen in den Eileiter dringen kann. Der Akt geht schnell vonstatten und wird öfter wiederholt.

WIE EIN EI ENTSTEHT

Im Eierstock der Henne findet nun der Eisprung statt. Die reife Eizelle, die auf dem Dotter sitzt, wandert in den Eileitertrichter, wo sie nur wenige Minuten verweilt und dort vom männlichen Samen befruchtet wird. Das befruchtete Ei wird durch Muskelbewegungen im Eileiter bzw. Legedarm weitertransportiert. Auf dessen Weg bilden sich das Eiklar, die Eihaut und Schicht für Schicht die Schale des Eies. Die typische Eiform entsteht durch die Muskelbewegungen im Uterus. Die Entstehung von der Eizelle zum Ei dauert etwa 1 bis 2 Tage, bis das fertige Ei vom Weibchen durch die Kloake gepresst und ausgeschieden wird. Erst wenn das Ei gelegt ist, kann sich ein weiteres entwickeln. Im Abstand von etwa zwei Tagen folgt das nächste Ei, bis das Gelege mit meist vier, maximal sechs Eiern vollständig ist. Im Gelege können auch unbefruchtete Eier sein.

SCHLUPF UND KINDERSTUBE

Nach nur 18 Tagen schlüpft der erste Nestling. Mithilfe des harten Eizahns auf dem Oberschnabel, der nach etwa einer Woche wieder abfällt, perforiert es die Schale und befreit sich mit aller Kraft durch Drehen, Strecken und Stemmen aus dem Ei. Doch auch die Vogelmutter hilft ihrem Nachwuchs beim Schlüpfen manchmal sogar der Vogelvater (Schlupfhilfe durch die Eltern ist in der Vogelwelt äußerst selten).

Wellensittich-Nestlinge sind Nesthocker. Das heißt, sie kommen nackt, blind und völlig hilflos auf die Welt und müssen von ihren Eltern lange gefüttert und gewärmt werden, bis sie selbstständig sind. Erstaunlich ist, wie die Vogelmutter ihre unterschiedlich alten Jungen – die jeweils im Abstand von zwei Tagen geschlüpft sind – mit einer ihrem Alter entsprechenden Mixtur füttert. Aus ihrem Drüsenmagen würgt sie dabei den Nahrungsbrei hervor, den die Jüngsten erhalten und der für die etwas Älteren mit vorverdauten Körnern aus ihrem Kropf vermengt wird. So erhält jedes Küken seine eigene bedarfsgerechte Mischung.

001
Zum Film: Balz und Paarung

Wellikükеn schlüpfen nackt und blind. Sie werden von den Eltern gefüttert und gewärmt.

DIE KLEINEN ZUERST

Dass die Vogelmutter die Jüngsten und Unbeholfensten ihres Geleges, die noch nicht einmal Bettellaute von sich geben, zuerst füttert, ist ebenso beachtlich. Selbst die älteren, sich vordrängenden und bettelnden Jungen können sie nicht davon abbringen, zuerst die Kleinsten zu versorgen.

Doch auch der Vater beteiligt sich, indem er seine Partnerin während des Brütens und der Aufzucht des Nachwuchses mit Nahrung versorgt. Manchmal hilft er sogar beim Füttern der älteren Nestlinge. Die Verbundenheit unter den Geschwistern ist groß und sie suchen stets engen Körperkontakt zueinander. Hat ein Küken den Anschluss in der Bruthöhle verloren, wird es so lange suchen und rufen, bis es die wärmende Nähe und Geborgenheit seiner Nestgeschwister oder Mutter gefunden hat.

Im Alter von 8–10 Tagen können sie ihren Kopf – zwar noch wackelig – aus eigener Kraft hochheben und werden auch bald nicht mehr bei der Fütterung auf dem Rücken liegen. Ältere Nestlinge füttern sogar schon die kleineren, bettelnden Geschwister. Nun öffnen sich auch die Augen, und die Jungen werden zunehmend aktiver. Jetzt tippeln sie neugierig im Kasten herum, kraulen sich gegenseitig und spielen miteinander.

FLÜGGE WERDEN – DER JUNGFERNFLUG

Nach etwa einem Monat sind die Küken flügge und verlassen zum ersten Mal ihre Kinderstube für den ersten Jungfernflug. Zuvor haben sie die Muskulatur durch Flügelschlagen trainiert. Dennoch muten die ersten Flugversuche und Landungen ganz schön holprig an, sodass einem beim Anblick der kleinen Bruchpiloten der Atem stockt. Wenn möglich, versuchen die Jungvögel, sich lieber laufend oder kletternd fortzubewegen, bis ihre Flüge geschickter werden. Auch nach dem Ausfliegen besteht unter den Jungvögeln weiterhin eine innige Bindung.

Kleiner Punk: Etwa 12 Tage alter Nestling.

RAUFEN, BALGEN, KRÄFTEMESSEN

Ein typisches Jungvogelverhalten ist, bei jeder sich bietenden Gelegenheit sich gegenseitig in die Füße zu beißen. Es scheint allem Anschein nach ein unwiderstehliches Vergnügen zu sein. Es ist eine Art Herumbalgen und fordert zu Kampfspielen auf, hat jedoch nichts mit einem ernsthaften Streit zu tun, wie es unter erwachsenen Wellensittichen vorkommen kann.

SPIELZEUGE

Sie spielen auch gern mit kleinen, gefundenen Gegenständen, zum Beispiel einem Stöckchen oder einer Feder, was schnell das Interesse der anderen kleinen Spielkameraden auf sich zieht, sodass alle daran herumzerren, weil es jeder für sich haben will. Die Balgerei dauert an, bis der Sieger letztendlich – voller Stolz – hoch erhobenen Hauptes mit seiner Beute fröhlich davontippelt. Auch ein beliebtes Spiel: Sachen an die Kante tragen und hinunterwerfen.

Rund 3 Wochen altes Geschwisterpaar.

KÜHN UND UNERSCHROCKEN

Kopfüber an einem Fuß vom Käfigdach zu hängen oder auf der Schaukel einen Purzelbaum zu schlagen, kann auch eines der Spiele der vorwitzigen und quirligen Jungvögel sein. Auch dem kleinen Geschwisterchen auf dem Boden laufend auf den Schwanz zu treten, mit dem Schnabel hineinzubeißen und ihn daran festzuhalten, bis dieser, lauthals keckernd schimpft, macht offensichtlich jede Menge Spaß.

Ihr Erfindungsreichtum ist recht groß. Gemeinsam entdecken und erkunden sie ihre Umgebung, spielerisch lernen sie, ihre angeborenen Verhaltensweisen zu verfeinern, ihre Kräfte zu messen, ihre Fähigkeiten zu entdecken und auszubauen. Oft kann man die Geschwister auch beobachten, wie sie liebevoll miteinander schnäbeln und sich kraulen. Diese engen Bande lösen sich in aller Regel auf, wenn die Vögel mit vier bis sechs Monaten geschlechtsreif sind und in naher Zukunft eine Partnerbeziehung eingehen.

Nur noch wenige Tage bis zum Jungfernflug.

Erfahrungen sammeln: Für einen Jungvogel gibt es viel zu entdecken, auch wie Gurke schmeckt.

LERNEN MACHT MÜDE

Eine anstrengende und sehr aufregende Zeit für die Ausgeflogenen, die ganz schön müde macht. Deshalb schlafen sie tagsüber noch viel und ruhen sich oft aus. Doch sie werden mit jedem Tag gewandter und erfahrener auf dem abenteuerlichen Weg zum Erwachsenwerden.

Dies alles zeigt, wie wichtig und prägend Artgenossen für die Sozialisierung der jungen Wellensittiche sind. Es gewährleistet ihnen eine gesunde körperliche und seelische Entwicklung, ihre arttypischen Begabungen auszubauen und erfolgreich unter ihresgleichen einzusetzen.

Sind die Jungwellensittiche nach einigen Monaten ihrer Kindheit entwachsen, wenden sie sich zunehmend den erwachsenen Artgenossen zu. Die Jugendgruppe löst sich auf und sie binden sich peu à peu in den Schwarm ein. Jetzt sind sie bestens dafür vorbereitet.

NATURBRUT UND HANDAUFZUCHT

Bei der Handaufzucht werden Papageienvögel unmittelbar nach dem Schlupf beziehungsweise ein bis zwei Wochen danach von ihren Eltern getrennt und von Hand aufgezogen. Meist liegt ein wirtschaftliches Interesse hinter den Handaufzuchten, denn dadurch sollen besonders zahme und anhängliche Vögel hervorgebracht werden. Die Folge der Handaufzucht ist eine Fehlprägung auf den Menschen. Dies bedeutet, dass der Vogel später nur den Menschen als Lebens- und Geschlechtspartner akzeptiert.

Darüber hinaus treten bei solchen Tieren oft Verhaltensstörungen auf, die durch Studien belegt sind, wie zum Beispiel verstärkte Aggression gegenüber Menschen und Artgenossen oder Rupfen des eigenen Gefieders. Diesen Vögeln fehlt die Erfahrung im Um-

Von Klein auf an Menschen gewöhnt: Er weiß, dass von ihr keine Gefahr droht.

gang mit Nestlingen, speziell das Fütterungsverhalten. So sind sie zum großen Teil nicht in der Lage, ihre Jungen selbst aufzuziehen und sollten deshalb nicht in der Zucht eingesetzt werden.

Ein Risiko stellt auch die Fütterung per Kropfkanülen dar. Unsachgemäße Ausführung oder mangelnde Hygiene können schwere Verletzungen und Infektionen verursachen. Eine Handaufzucht ist deswegen generell abzulehnen und sollte nur in Notfällen (wenn das Überleben der Nestlinge bedroht wäre) von geschulten und erfahrenen Personen durchgeführt werden.

NATURBRUTEN

Bei einer Handaufzucht greift man einschneidend in den natürlichen Zyklus ein, in einer natürlichen Brut ist dies anders. Bei der Naturbrut wird der Vogelnachwuchs von der Mutter ausgebrütet und die Jungtiere werden von den Vogeleltern aufgezogen. Die Jungtiere erfahren die Nähe zu den Geschwistern und den wichtigen Sozialkontakt zur Mutter. Diese Nestwärme und Geborgenheit kann kein Brutschrank ersetzen.

Bei den sozial lebenden Wellensittichen ist die Naturbrut die einzig artgerechte Methode und die beste Voraussetzung für eine gesunde seelische und körperliche Entwicklung des Tieres. Zudem wünscht man sich als zukünftiger Halter sicherlich Tiere, die einen bestmöglichen Start ins Leben hatten und bei denen alles Nötige für einen optimalen Gesundheitszustand getan wurde. Die Naturbrut mit der intensiven Nähe zur Mutter und dem Band unter den Geschwistern gewährleistet dies mit Sicherheit am besten. Sie bieten den Heranwachsenden – im wahrsten Sinne des Wortes – eine unnachahmliche Art und Weise der Aufzucht und damit den Grundstein einer idealen Entwicklung.

Willkommen im neuen Zuhause

— Die Wellis ziehen ein!

Ein paar Gedanken vorab

Langsam rückt der Tag näher, an dem die Wellis einziehen sollen. Im Vorfeld sollte man sich dennoch einigen kritischen Fragen stellen, damit dem zukünftigen Glück nichts im Weg steht.

RECHTSRATGEBER

Wer sich Haustiere zulegen möchte und zur Miete wohnt, wird sich mit der Frage befassen müssen, ob er sie halten darf. Es ist unwirksam, jede Form der Haustierhaltung im Mietvertrag zu verbieten. Wellensittiche gehören zu den Kleintieren und diese darf der Mieter grundsätzlich ohne Erlaubnis des Vermieters halten, egal was im Mietvertrag steht.
Gestattet sind Kleintiere jedoch nur in üblicher Zahl, entsprechend der Wohnungsgröße. Zudem darf es nicht zur Verwahrlosung der Wohnung oder zu einer unzumutbaren Belästigung der Nachbarn führen.

TIERSCHUTZGESETZ

Seit 2002 ist der Tierschutz als Staatsziel im Grundgesetz verankert und hat somit mehr an Beachtung und Bedeutung in der Rechtsprechung gewonnen.
Das Recht der Tiere auf Schutz ist vor allem durch das Tierschutzgesetz geregelt, das unter anderem Folgendes besagt:
§ 1 Zweck dieses Gesetzes ist es, aus der Verantwortung des Menschen für das Tier als Mitgeschöpf dessen Leben und Wohlbefinden zu schützen. Niemand darf einem Tier ohne vernünftigen Grund Schmerzen, Leiden oder Schäden zufügen.
§ 2 Wer ein Tier hält, betreut oder zu betreuen hat,

1. muss das Tier seiner Art und seine Bedürfnissen entsprechend angemessen ernähren, pflegen und verhaltensgerecht unterbringen,
2. darf die Möglichkeit des Tieres zu artgemäßer Bewegung nicht so einschränken, dass ihm Schmerzen oder vermeidbare Leiden oder Schäden zugefügt werden,
3. muss über die für eine angemessene Ernährung, Pflege und verhaltensgerechte Unterbringung des Tieres erforderlichen Kenntnisse und Fähigkeiten verfügen.

Das Gesetz formuliert zudem, dass Wirbeltiere nicht ohne vernünftigen Grund und nur unter Betäubung getötet werden dürfen. Das Töten darf nur von Personen mit den dazu notwendigen Kenntnissen und Fähigkeiten vorgenommen werden.
Fakt ist, dass es keine gesetzlich bindende Vorschrift gibt, die die Mindestanforderung der Käfiggröße für Wellensittiche regelt. Die TVT (Tierärztliche Vereinigung für Tierschutz) empfiehlt für ein bis drei Paare mindestens 150 cm × 60 cm und 100 cm Höhe mit täglichem, einstündigem, besser beliebig langem Freiflug. In Rechtsfällen wird die Empfehlung der Tierärztlichen Vereinigung bisweilen herangezogen.
Für den Halter sollten bei der Käfigwahl für das Heim seiner Tiere immer folgende Devise gelten: So groß wie möglich!

Wellis sind Gute-Laune-Vögel, doch man muss ihre Versorgung über Jahre gewährleisten können.

PASSEN WELLIS ZU MIR?

Wellensittiche sind gänzlich von uns abhängig und haben keine Wahl, wohin es sie verschlägt. Wir geben und gestalten ihnen den Lebensraum und es liegt maßgeblich in unseren Händen, ob sie ein erfülltes oder unglückliches Leben erwarten wird. Damit gehen wir für die nächsten Jahre eine große Verantwortung dem Tier gegenüber ein. Ohne Zweifel kann der Einzug von Wellensittichen viel Freude ins Haus bringen und unseren Alltag bereichern. Wer sich eingehend mit den Haltungsbedingungen der kleinen Australier auseinandergesetzt hat, weiß nun, worauf es ankommt, und kann sich folgende Fragen stellen:

— Sind Wellis die richtigen Haustiere für mich? Oder wünsche ich mir Schmusetiere? Dann sind Wellensittiche nicht die richtige Wahl, denn nicht jedes Tier wird zahm und sie binden sich lieber eng an ihre Artgenossen.
— Habe ich die Voraussetzungen (genügend Platz für Käfig/Voliere, Freiflug und Freisitze), um den Wellensittichen ein artgerechtes Umfeld zu bieten?
— Ist meine Familie mit dem Einzug der neuen Bewohner einverstanden?
— Ist ein Familienmitglied allergisch gegen den Federstaub der Wellensittiche?
— Sind bereits andere Haustiere vorhanden? Ist die gemeinsame Haltung möglich oder eine räumliche Trennung nötig?

- Welche Kosten kommen auf mich zu? Für die Erstausstattung, Käfig oder Voliere, Bird Lamp und sonstiges Zubehör kommen schnell 400 Euro und mehr zusammen. Auch die laufenden Kosten wie Körnerfutter, Einstreu, Frischkost, neues Spielzeug und Ersatzausstattung für abgenutztes Zubehör müssen eingeplant werden. Besonders die Tierarztkosten sind nicht zu unterschätzen. Hier können leicht Beträge von 100 Euro entstehen und bei einem chronisch kranken Vogel oder gar mehreren um ein Vielfaches steigen. Dafür sollte ein finanzielles Polster vorhanden sein, oder vorsorglich monatlich etwas zur Seite gelegt werden, um stets eine Rücklage zu haben.
- Wellensittiche machen ganz schön viel Schmutz und Lärm, besonders in einer bereicherten Haltung. Bin ich bereit, das in Kauf zu nehmen? Denn Federn, Streu, Körnerfutter, abgenagtes Schredderspielzeug landen auf dem Boden, Staub wirbelt umher und verteilt sich im Raum, es steht dadurch deutlich mehr Putzarbeit an.
- Habe ich Zeit, mich täglich um die Vögel zu kümmern?
- Wer versorgt die Vögel, wenn ich in den Urlaub fahre?

002
Zum Film: Haltungsfragen

LASSEN SIE SICH ZEIT

Bei den Überlegungen sollte man sich ruhig etwas Zeit lassen und alles gut überdenken. Hat man sich für sie entschieden, ist es vielleicht der Beginn einer großen Leidenschaft und tiefen Verbundenheit zu diesen außergewöhnlichen und faszinierenden Tieren. Denn Wellensittiche, die ein artgerechtes Leben führen können, stecken ihre Halter mit ihrer guten Laune an, ihre ausgelassene Fröhlichkeit, ihre lustigen Frechheiten, ihr kecker Witz und ihr hinreißender Charme bringen einen zum Lachen und Schmunzeln. So klein, wie sie sind, so schnell schleichen sie sich fast unbemerkt in die Herzen ihrer Besitzer, die erfahren haben, wie Wellis wirklich ticken.

WELLIS UND KINDER

Haustiere fördern die geistige Entwicklung und soziale Kompetenz von Kindern darüber sind sich die Experten einig. Fast alle Kinder wünschen sich Haustiere und Wellensittiche werden oft für viel zu kleine Kinder angeschafft. Jüngere Kinder bis zu 6 Jahren lernen ihre Umwelt durch Anfassen kennen und möchten mit ihrem Tier in aller Regel auch kuscheln. Vögel, die man nur beobachten kann, werden schnell langweilig und Wellensittiche wollen nicht gestreichelt werden. Zudem können kleine Kinder ihre körperlichen Kräfte noch nicht richtig einschätzen, was für ein Tier wie den zierlichen Wellensittich böse enden kann. Kinder sollten mindestens 10 Jahre alt sein. In diesem Alter brauchen sie dennoch Unterstützung, um an den Umgang mit den Vögeln herangeführt zu werden.

ELTERN SIND VORBILDER

Eltern sollten ihre Sprösslinge bei der Versorgung einbinden und ihnen die artgerechte Haltung, Pflege und den respektvollen Umgang mit Tieren zeigen und erklären. So lernen die Kinder allmählich, Aufgaben zu übernehmen und Regeln zu beachten. Dennoch muss den Eltern klar sein, dass man die Verantwortung für die Tiere nicht gänzlich einem Kind überlassen kann. Kinder sind nur begrenzt in Lage, ihre Tiere lückenlos und langfristig so zu versorgen, wie sie es benötigen. Es besteht die Gefahr, dass Krankheitssymptome von den Kindern nicht oder zu spät erkannt werden, was Schuldgefühle bei ihnen auslösen kann. Irgendwann kommt auch der Tag, an dem das geliebte Haustier stirbt. Ein offener Umgang mit dem Verlust und die Begleitung der Eltern durch den Trauerprozess geben dem Kind Rückhalt. Sobald Tiere einziehen, bleibt es immer die Aufgabe der Eltern, deren Versorgung sicherzustellen. Ebenso wenn Kosten für einen Tierarztbesuch anstehen, sind die Erwachsenen in der Pflicht. Ein Kind würde mit sei-

01

nem Taschengeld schnell an die Grenzen der Machbarkeit stoßen.
Selbst wenn ein Kind beteuert, sich stets um die Tiere zu kümmern, fehlt es ihm an Erfahrung, einzuschätzen, welche Tragweite es hat, die Verantwortung für ein Lebewesen über einen langen Zeitraum zu übernehmen. Irgendwann beginnt die Pubertät und häufig ändern sich die Interessen. Die Sittiche sind nun vielleicht nicht mehr so wichtig und könnten vernachlässigt werden. Hier sind die Eltern gefragt, selbst älteren Kindern die Pflege für die Hausgenossen nicht allein zu überlassen und für die täglichen Bedürfnisse der Vögel zu sorgen.

02

03

01 *Klein, zart, verletzlich: Wellis brauchen behutsame Halter.*

02 *Wellensittiche sind nur für ältere Kinder geeignet, die vorsichtig mit ihnen umgehen.*

03 *Auch wenn sich die Interessen ändern, die Vögel bleiben und wollen versorgt werden.*

ANDERE TIERE

Manche Vogelbesitzer spielen mit dem Gedanken, neben ihrem Welli-Völkchen noch andere Tierarten zu halten. Doch eine Unterbringung verschiedener Arten sollte gut überlegt sein, denn nicht alle passen zueinander.

HUND UND KATZ

Hunde und Katzen sind Beutegreifer. Auch wenn eine ungewöhnliche Tierfreundschaft noch so niedlich und harmlos erscheint, birgt der Kontakt ein hohes Gefahrenpotenzial. Selbst wenn die Tiere von klein auf aneinander gewöhnt sind, lässt sich der Jagdtrieb nie ganz abtrainieren. Es geschieht immer wieder, dass sogar langjährige Tiergemeinschaften plötzlich im Maul des vermeintlich friedlichen Freundes ihr jähes Ende finden. Meistens passiert das Unglück so schnell, dass selbst der anwesende Tierhalter nicht mehr eingreifen kann. Zudem kann die bloße Anwesenheit von Fressfeinden andauernden Stress bei den Vögeln auslösen. Daher ist es ratsam, Katzen immer räumlich getrennt von den Vögeln zu halten. Hunden gewährt man besser nur unter Aufsicht den Zutritt in den Vogelraum.

KANINCHEN, MEERSCHWEINCHEN, FISCHE & CO.

Pelzige Mitbewohner wie Kaninchen, Meerschweinchen, Farbmäuse und -ratten haben empfindliche Ohren, sodass sie unter dem lauten Gezwitscher der Krummschnäbel leiden würden. Zudem sind Farbmäuse, Farbratten und Hamster dämmerungs- und nachtaktiv, durch den gegensätzlichen Lebensrhythmus würden sie sich gegenseitig

Pelzige Bewohner und Vögel hält man besser räumlich getrennt voneinander.

beim Schlafen stören. Landet außerdem ein Wellensittich beim Freiflug auf dem Nagergehege, können sich die Nager erschrecken oder den Vogel mit ihren kräftigen Zähnen schwer verletzen. Insbesondere jagen die klettergewandten Ratten gern kleine Vögel, deshalb ist zum Wohlbefinden und Schutz aller Tierarten eine räumliche Trennung ratsam. Wellensittiche und Fische lassen sich problemlos in einem Raum halten. Es ist jedoch wichtig, dass das Aquarium gut abgedeckt ist, damit kein Vogel ins Wasser fällt.

ANDERE VOGELARTEN

Wellensittiche können mit anderen Vogelarten vergesellschaftet werden, vorausgesetzt, es handelt sich um verträgliche Arten und es ist ausreichend Platz vorhanden, dann kann es eine Bereicherung für die Tiere sein. Werden zwei verschiedene Sitticharten gemeinsam gehalten, sollte der Lebensraum so groß sein, dass genügend Fläche für zwei kleine Gruppen jeder Art vorhanden ist. Denn die geselligen Sittiche brauchen Artgenossen. Artfremde Vögel werden nicht als Sozialpartner angesehen, weil sie sozusagen eine andere Sprache sprechen und andere Verhaltensweisen an den Tag legen. Deshalb leben beide Tierarten in aller Regel nur nebeneinander her statt miteinander. Ist das Platzangebot für zwei Gruppen zu klein, macht es Sinn, sich lieber nur auf eine Art zu beschränken, anstatt je ein Pärchen einer Art zu halten, da eine artgleiche Gruppe deutlich mehr Lebensqualität bietet. Darüber hinaus stellen verschiedene Vogelarten auch meist unterschiedliche Ernährungs- und Lebensansprüche, sodass es für den Halter eine Herausforderung sein kann, alle Bedürfnisse der Tiere in Einklang zu bringen.

Nymphensittiche stammen auch aus Australien.

Bourke- und Grassittiche kann man recht gut mit Wellensittichen halten, allerdings sind sie tagsüber ruhebedürftiger als die quirligen Wellis. Bourke- und Grassittiche sind jedoch dämmerungsaktiv, während die Wellensittiche in dieser Zeit zur Ruhe kommen und einschlafen wollen. Ein zu enger Lebensraum, in dem sich die Tiere nicht aus dem Weg gehen können, kann also schnell von einer Bereicherung in eine Belastung für die Vögel umschlagen, die sich in aggressivem Verhalten niederschlägt. Zudem sollten beide Arten einen ähnlichen Speiseplan aufweisen, das vereinfacht die artgerechte Ernährung und macht die Fütterung unproblematisch. Des Weiteren sollte man sich Gedanken machen, ob andere Arten innerhalb der Brutzeit auch mit Wellis verträglich sind oder ob sie ihre Brutplätze und Weibchen rigoros gegen andere Vögel verteidigen. Große Papageien wie Amazonen, Kakadus oder auch die kleineren Agaporniden eignen sich nicht, denn die Wellensittiche wären körperlich unterlegen. Fällt die Entscheidung für eine zweite Vogelart, sind es insbesondere Nymphensittiche, die gut harmonieren. Sie stammen aus dem gleichen Lebensraum, zudem ähneln sich ihre Lebensweise sowie ihr Speiseplan.

Wo bekommt man Wellensittiche?

Vor dem Kauf stellt sich die Frage, woher man Wellensittiche beziehen soll. Viele denken dabei zuerst an eine Zoofachhandlung oder einen Vogelzüchter. Doch auch Abgabetiere können die erste Wahl sein.

ZOOFACHHANDEL UND ZÜCHTER

In vielen Fällen kaufen sich die zukünftigen Halter ihre Wellensittiche im Zoofachhandel oder direkt beim Züchter. Der Nachteil in Zoohandlungen ist sicher, dass man in aller Regel nicht weiß, von welchen Züchtern sich die Handlungen beliefern lassen und man damit nichts über die Herkunft der Tiere weiß. Stammen sie von seriösen Züchtern oder nicht? Zudem haben diese Vögel schon einen Transport und Umgebungswechsel hinter sich bringen müssen, der auch immer mit Stress verbunden und belastend für die Tiere ist.
In beiden Gewerben gibt es leider häufig schwarze Schafe, die wenig auf das Wohlergehen der Tiere achten. Deshalb sollte man vor dem Kauf genauer hinschauen und einige Hinweise berücksichtigen, die gute Anbieter von den schlechten unterscheiden.

GUTE HALTUNGSBEDINGUNGEN

Die Käfige sollten hell und nicht in stickiger oder übelriechender Luft stehen und einen gepflegten, sauberen Eindruck machen. Einstreu, Sitzstangen, Futter und Wasser sind sauber, frisch und gut gefüllt, neben Körnerfutter erhalten die Vögel auch Frischkost. Die Vögel haben genug Platz, ausreichend Sitzstangen zur Verfügung und sind nicht auf engstem Raum gehalten und überbesetzt.
Alle zu verkaufenden Tiere sind vollständig befiedert (vor allem fehlende Schwung- und Schwanzfedern können ein Anzeichen für ansteckende Gefiederkrankheiten wie PBFD, Polyoma sein), flugfähig, futterfest und zeigen keinerlei Krankheitsanzeichen. Die Augen sind klar, nicht gerötet oder verklebt, die Nase frei von Ausfluss. Die Kloake ist nicht kotverschmiert. Die Hautschuppen der Beine und Füße liegen glatt an ohne Ablagerungen oder Verletzungen und alle Vögel machen einen fitten und aufgeweckten Eindruck. Das Abgabealter der Tiere sollte mindestens 7–8 Wochen, besser etwas mehr sein. Ab diesem Alter sind sie sicher futterfest und sozialisiert, da der erste Prägeprozess schon weit fortgeschritten ist.

LIEBER NICHT

Treffen einer oder mehrere der oben genannten Punkte nicht zu und werden zudem Tipps gegeben wie Futterentzug, zeitweilige oder vollständige Einzelhaltung, um den Vogel zu zähmen, sollte man unbedingt von einem Kauf absehen. Mangelnde Hygiene, unzureichendes Licht und frische Luft, Überbesatz,

Dem Tier zuliebe: Kaufen Sie Wellensittiche nur bei seriösen Anbietern. Sie sollten gut gehalten werden.

Jungvögel, die zu früh von den Eltern getrennt wurden, wirken sich unmittelbar sowie mit Spätfolgen auf die Gesundheit der Tiere aus. Manch einer kauft einen elend aussehenden Vogel sogar aus Mitleid. Auch wenn es schwer fällt, man sollte schlechte Zuchtbedingungen nie mit einem Kauf unterstützen, sondern boykottieren und sich nicht scheuen, grobe Missstände beim Veterinäramt zu melden. Achtet man beim Vogelkauf kritisch auf die genannten Punkte, ist es nicht schwer, anständige Anbieter zu erkennen und Tiere zu erwerben, die einen guten Start ins Leben hatten, für die alles getan wurde, die besten physischen und psychischen Grundlagen mitzubringen. Beobachtet man die Sittiche beim Aussuchen eine Weile, entdeckt man manchmal unter den erwachsenen Tieren ein Pärchen, man sollte sie nicht trennen und beide mitnehmen.

ABGABETIERE

Es gibt unzählige Secondhand-Wellensittiche, die eine zweite Chance suchen. Man findet sie in Tierheimen, Anzeigeblättern, Verkaufsportalen und bei Vogel-Forenbetreibern mit Vermittlungsrubrik. Sie können alt und jung sein, aus guten wie schlechten Haltungen stammen. Wer einem Abgabetier ein neues Zuhause schenkt, tut zweifellos etwas Gutes. Wer etwas Geduld mitbringt und die richtige Gelegenheit abwartet, kann auch hier das passende Tier finden. Viele Vogelkenner sehen diese Wellensittiche gern als erste Wahl. Denn es gibt kaum eine größere Freude, als mitzuerleben, wie ein verängstigter Pechvogel aufblüht und sich zu einem selbstbewussten, fröhlichen Schwarmmitglied mausert, sobald er bessere Haltungsbedingungen und Artgenossen vorfindet.

Jungvögel und Geschlechter erkennen
— Was bin ich?

01

02

DAS JUGENDKLEID

Vor der ersten Jugendmauser, die etwa im Alter von 3 bis 5 Monaten beginnt, haben flügge gewordene Jungvögel noch ein unverkennbares Aussehen, das sie von adulten Tieren unterscheidet: Die Wellenzeichnung auf dem Kopf reicht über die Stirn bis zur Wachshaut, die Kehltupfen sind noch klein und können teilweise fehlen. Die Augen wirken groß und sind vollständig dunkel, da der weiße Irisring noch fehlt. Das Gefieder ist in der Farbe etwas matter und die Schwanzfedern sind noch etwas kürzer als im Erwachsenenalter.

GESCHLECHTERBESTIMMUNG

Die Wachshaut verrät das Geschlecht, was bei Jungtieren nicht immer leicht ablesbar ist. Die Wachshaut der jungen Männchen ist blassrosa bis rötlich-violett, die der jungen Weibchen weißlich-hellblau mit einem weißlichen Ring um die Nasenlöcher. Erwachsene Hähne haben ein glattes, kräftiges Blau, während die Hennen in der brutfähigen Zeit eine krustig braune Nase haben, die sich in der hormonellen Ruhephase in weißlich-hellblau umfärbt. Farbschläge wie Albinos, Lutinos, Falben und einige Schecken weichen von der Regel ab und zeigen eine andere Wachshautfärbung, sodass das Geschlecht meist noch schwieriger zu bestimmen ist.

03

04

05

01 Ein fescher, erwachsener Hahn mit kräftig blauer Nase.

02 Typisch zartes „Hennenblau" eines Weibchens, das nicht in Brutstimmung ist. Eindeutiges Zeichen für ein Weibchen: je ein weißlicher Ring um die Nasenlöcher.

03 Weibchen in Brutstimmung, die Wachshaut ist braun und krustig.

04 Schwarze Knopfaugen, Wellenzeichnung bis zur Nase, kleine Kehltupfen: Ein Jungtier vor der Jugendmauser.

05 Glatte und kräftig blaue Nase: ein Männchen.

Schwarmtiere – Am Schönsten ist das Vogelleben in der Gruppe.

PÄRCHEN ODER SCHWARM?

Wellensittiche sind sehr sozial und ihre Vergesellschaftung ist damit recht einfach. Dennoch gibt es günstige und ungünstige Konstellationen, die man berücksichtigen sollte.

HAHN & HENNE

Männchen und Weibchen kommen in aller Regel prima miteinander aus. Selbst wenn es nicht die große Liebe ist, entwickelt sich bei einem Einzelpärchen oft eine harmonische Gemeinschaft. Da die Hennen meist ein passiveres Sozialverhalten zeigen, langweilen sich die Hähne manchmal, wenn keine weiteren Artgenossen zum Spielen da sind.

HAHN & HAHN

Die Jungs verstehen sich in den meisten Fällen sehr gut. Sie balzen, spielen und fliegen gemeinsam und können echte Kumpel werden. Zuweilen werden sie sogar zu einem richtigen Paar, das sich gegenseitig füttert und krault, dann ist es wahre Liebe. Meist fehlt ihnen jedoch eine Partnerin zur Paarbildung.

HENNE & HENNE

Hennen haben sich nicht viel zu sagen und gehen fast nie eine partnerschaftliche Beziehung miteinander ein, eher gibt es das übliche „Hennengezicke" unter ihnen. Von Natur aus sind sie Konkurrentinnen, deshalb leben sie eher nebeneinander her als zusammen.

EINZELPÄRCHEN

sollte man sich am besten für ein gegengeschlechtliches Pärchen entscheiden, das entspricht am ehesten ihrer Veranlagung. Alternativ gehen auch zwei Männchen. Beide Vögel sollten entweder erwachsen oder jung sein, denn ein geschlechtsreifer Vogel wird ein Jungtier nicht als Partner ansehen und kann sogar genervt von dessen wilden Verhalten reagieren, so wären beide mit der Situation unzufrieden. Dies gilt auch, wenn ein Vogel stirbt. Suchen Sie ihm einen Partner, der ähnlich alt ist. Ein trauernder Senior möchte keine kleine Nervensäge!

Tipp: Unter Abgabetieren kann man häufig Pärchen und gute Freunde finden, die sich schon gefunden haben.

SCHWÄRME

Vier Wellensittiche sind schon um einiges aktiver als zwei, erst jetzt kommt ein Gruppengefühl auf. Ideal wird es für Sittiche, wenn sie in einem kleinen Schwarm ab etwa 6 Tieren leben können. Denn hier haben sie die Möglichkeit, einen Partner zu wählen, vielseitige Sozialkontakte zu knüpfen und das zu tun, wozu ein Schwarmtier geboren ist: das Leben in einer Gruppe zu führen!

GERADE ZAHL

Es ist sinnvoll, eine gerade Anzahl an Vögeln zu halten und auf ein ausgewogenes Geschlechterverhältnis zu achten. Bei einer Überzahl an Weibchen oder Männchen sind Kämpfe unter den Wellis um den gegengeschlechtlichen Artgenossen vorprogrammiert. Bei drei Tieren bildet sich oft ein Paar und der Dritte wird als Störenfried empfunden, ausgegrenzt oder gar bekämpft. Ähnliches gilt für eine 5er-Gruppe, auch hier ist einer das fünfte Rad am Wagen. Ab ungefähr 6 Vögeln fällt eine ungerade Zahl weniger ins Gewicht, denn in einem größeren Schwarm findet sich immer ein Spielkamerad.

ABENTEUER SCHWARM

Bevor man sich auf das Abenteuer „Schwarm“ einlässt, sollte man sich bewusst machen, was auf einen zukommt. Die Vögel brauchen entsprechend Platz, sie machen mehr Dreck und Lärm und kosten auch mehr Zeit und Geld. Doch dafür hat man Leben in der Bude. Es zwitschert, singt und krakeelt und es gibt immer etwas zu schauen und zu lachen.

Freddy und Filou sind die dicksten Kumpel.

Im Schwarm die große Liebe gefunden: Stella und Hugo sind ein Traumpaar.

Schöner Wohnen mit Pfiff

Bevor die Wellis einziehen, sollte man alles besorgt, eingerichtet und vorbereitet haben. Es gibt verschiedene Möglichkeiten, um den Lebensraum für Wellensittiche zu gestalten, in dem sie sich wohlfühlen. Sie können ein Wohnzimmer, einen Wintergarten, ein eigenes Vogelzimmer oder eine Außenvoliere bewohnen.

INNENHALTUNG

Um den Wellensittichen möglichst viele ihrer natürlichen Bedürfnisse zu erfüllen, sollte ihre Unterbringung mit Sachverstand geplant und sorgfältig durchdacht sein. Am wohlsten fühlen sich die Tiere in einem naturnah und abwechslungsreich gestalteten Lebensraum, der ausreichend Platz bietet. Dabei sollten die unterschiedlichen Bedürfnisse von Mensch und Tier nicht zu konträr sein.

DAS RICHTIGE ZIMMER

Ein möglichst großer, mit Fenstern versehener, heller Raum, der den Sittichen einige Meter Flugstrecke bietet und ihnen somit auch rasante Flüge erlaubt, ist ideal. Die Gesellschaft der federlosen Familienmitglieder mögen die Vögel gern.
Die Küche ist tabu, denn sie birgt viele Gefahren: Heiße Herdplatten, schädliche Küchendämpfe, wie zum Beispiel die Ausdünstungen von erhitzten, antihaftbeschichteten Töpfen und Pfannen: Diese sind giftig für die empfindlichen Atemorgane der Sittiche! Ebenso sind Raucherzimmer ausgeschlossen, auch ein unfreundlicher oder fensterloser Kellerraum ist für die aus dem sonnigen Australien stammenden Vögel ungeeignet.
Einige Vogelhalter stellen ihren gefiederten Freunden sogar ein eigenes Zimmer zur Verfügung, doch das ist nicht immer realisierbar. Ist kein Vogelzimmer in Aussicht, sollte ein Raum gewählt werden, in dem es am späteren Abend nicht zu hell ist oder laut und hektisch zugeht, damit die Sittiche 8–10 Stunden ungestört schlafen können. 18 bis 25 °C sind optimal, die bestens mit den menschlichen Ansprüchen harmonieren, plötzliche und große Temperaturschwankungen sollte man vermeiden. Ein leicht zu reinigendes Zimmer und ein pflegeleichter Boden sind von Vorteil, um es mühelos sauber halten zu können, denn auf Federn, Spelzen, geschredderten Kork und Vogelkleckse sollten Sie sich einstellen. Alle Gefahrenquellen (S. 91) sollten vor dem ersten Freiflug beseitigt sein. Für artgerechte Haltungsbedingungen zu sorgen, ist nicht sehr aufwendig oder schwer und muss auch nicht teuer sein. Mit ein wenig Phantasie lässt sich der Raum, in dem sich die Wellis aufhalten, abwechslungsreich einrichten, sodass sie darin glücklich „hausen“ können. Jedoch fehlt Vögeln, die im Haus untergebracht sind, Frischluft und natürliches, ungefiltertes Sonnenlicht mit seinem UV-Anteil. Ein ausbruchssicher vergittertes Fenster (z. B. Fliegengitter aus Edelstahlgewebe), das man öffnen kann, oder sogar ein kleiner Erker aus Volierendraht an Fenster oder Balkontür bie-

ten eine gute Alternative. Es ist für die Wellensittiche bereichernd, sich am geöffneten Fenster den Wind um den Schnabel wehen zu lassen, den Gesängen der Wildvögel zu lauschen und mit ihnen um die Wette zu zwitschern.

DIE ZIMMERVOLIERE

Bei der Größe der Zimmervoliere ist die Breite und Tiefe des Käfigs ausschlaggebend. Sogenannte Turmvolieren, die wenig Grundfläche bieten, dafür aber in die Höhe gebaut sind, sind unzweckmäßig, denn die Vögel sind keine senkrechtfliegenden Hubschrauber. Eine eckige Käfigform ist sinnvoll und ein flaches Käfigdach dient bestens als Abstellfläche für Welli-Spielplätze, Badeschale und Co.

Runde Käfige sind tierschutzwidrig, da sich die Tiere darin schlecht orientieren können. Große Käfigtüren erleichtern das Putzen der Voliere oder das Anbringen und Auswechseln der Inneneinrichtung. Eine ausziehbare Bodenschale erleichtert die Reinigung.

Das Gitter sollte eher dunkel gehalten sein, helle Verstrebungen reflektieren mehr Licht und behindern die Sicht der Vögel stärker. Waagrecht verlaufende Gitterstäbe bieten den Tieren eine bessere Klettermöglichkeit als senkrechte Stäbe. Der Gitterabstand sollte 12 mm betragen, bei größeren Abständen könnten sich die Vögel hindurchquetschen und stecken bleiben. Vorausblickende Vogelhalter greifen auf Volieren zurück, die durch Module erweiterbar sind, falls die Vogelanzahl aufgestockt werden sollte.

Hier bin ich Vogel, hier darf ich's sein. – Welli-Paradies mit allen Schikanen

Kunststoffummantelte sowie verzinkte Gitter eignen sich nicht, denn das Plastik wird leicht vom kräftigen Papageienschnabel abgenagt und die Verzinkung enthält Giftstoffe, die der Gesundheit schaden. Deshalb sollte man auf eine haltbare und schadstofffreie Beschichtung achten. Leider sind viele im Handel als unbedenklich bezeichnete Materialien und Beschichtungen von Volieren und Käfigen dennoch mit Schadstoffen belastet. Einen absolut sicheren Schutz gewährleisten nur die wesentlich teureren Volieren aus Edelstahl, die dafür aber mit ihrer robusten Haltbarkeit eine Anschaffung fürs Leben sein können.

DIE RICHTIGE GRÖSSE

Je größer, desto besser lautet die Devise, wenn es um die Käfiggröße geht, besonders dann, wenn die Vögel täglich eingeschränkt Freiflug erhalten. In dem Fall sollte die Größe der Volieren für zwei bis sechs Vögel mindestens 150 cm × 60 cm und eine Höhe von 100 cm aufweisen. Für bis zu zwei weitere Paare ist die Grundfläche um 50 % zu vergrößern. Hierbei handelt es sich tatsächlich um Mindestmaße, die den Tieren lediglich einen stark beschränkten Bewegungsraum bieten.
Zudem sind die Sittiche bei zu engen Platzverhältnissen höherem Stress ausgesetzt, was Streitereien, Kämpfe und aggressives Verhalten begünstigt.
Verfügen die Krummschnäbel stets über ganztägigen Freiflug und dient der Käfig tagsüber nur als Rückzugsort oder Nachtquartier, ist die Größe weniger bedeutend. Dennoch darf er die Maße für ein bis zwei Pärchen von 80 cm × 50 cm und 80 cm Höhe grundsätzlich nie unterschreiten und wird besser gleich etwas größer gewählt.

STANDORT

Die Voliere sollte sich mit der Rückseite zu einer Wand an einem ruhigen, ungestörten Platz befinden und mindestens in Augenhöhe des Menschen stehen. Denn bei zu niedriger Platzierung fühlen sich die Vögel unsicher und Vorgänge über ihren Köpfen beängstigend sie. Zugluft, direkte Sonneneinstrahlung und Hitze, zum Beispiel direkt vor dem Fenster, sollten vermieden werden. Auch die unmittelbare Nähe von Heizkörpern eignet sich nicht, denn durch die starke Wärmeentwicklung und die trockene Luft sind die Vögel anfälliger für Erkältungskrankheiten.

Käfigform: Auf die Breite kommt es an.

EINRICHTUNG UND AUSSTATTUNG

Ist die passende Voliere oder der Käfig für die neuen Mitbewohner gefunden, geht es nun an die Gestaltung des neuen Heims. Die richtigen Einrichtungsgegenstände aus geeigneten Materialien tragen wesentlich zum Wohlbefinden und zur Gesunderhaltung unserer Vögel bei und laden zum Verweilen und zur Beschäftigung ein.

Unterschiedlich dicke Naturäste sind am besten.

SITZSTANGEN, ÄSTE UND SCHAUKELN

Wellensittiche verbringen ihr ganzes Leben auf den Füßen, sieht man von ein paar wenigen Individuen ab, die sich zum Schlafen auch mal bäuchlings hinlegen. Deshalb sind geeignete und bequeme Sitzgelegenheiten in ausreichender Anzahl für die Voliere und den Freiflugraum besonders wichtig. Plastik- oder gedrechselte Stangen mit dem gleichem Durchmesser sind für den Käfig ungeeignet, da die Füße somit immer an derselben Stelle belastet werden und Sohlenballengeschwüre entstehen können.

Die im Handel zum Teil noch angebotenen Sitzstangenüberzüge oder Bodenbeläge aus Sandpapier sind schädlich, sie sind rau wie Schmirgelpapier und scheuern die Fußsohlen der Vögel auf. Sie gelten neben Spiegelchen und Plastikvögeln zu dem tierschutzwidrigen Zubehör.

BELIEBTE PLÄTZE

Mehrere stabil angebrachte Naturzweige in verschiedenen Stärken schonen die empfindliche Haut des Vogelfußes, können benagt werden und sorgen zudem für die Krallen- und Schnabelabnutzung. Die Sitzäste sollten dabei mindestens einen so starken Durchmesser haben, dass sie nicht vollständig von den Zehen der Tiere umfasst werden können. Feine und belaubte Zweige, die regelmäßig ausgetauscht werden, bieten idealen Turn- und Knabberspaß. Die Vögel freuen sich auch über ebene Flächen, wie Sitzbrettchen, eine flache Korkplatte, oder Ähnliches, die im oberen Bereich des Käfiggitters angeschraubt werden. An Seiten aufgehängte halbe Kokosnussschalen, die vom Käfigdach baumeln, zählen auch zu den beliebten Plätzen und lassen Welliherzen höher schlagen. Anflugstangen auf der Voliere oder vor den Käfigtüren runden ein komfortables Heim ab.

Empfehlenswert sind auch einseitig angeschraubte Äste, sie beim Landen schwingen und dadurch die Gelenke der Vögel entlasten, biegsame Baumwollsitzstangen und -seile sind ebenfalls gut geeignet.
Wenn die Wellensittiche nicht den ganzen Tag Freiflug haben, sollte die Voliere nicht zu voll sein, damit ausreichend freier Flugraum bleibt. Einige Spielzeuge aus natürlichen Materialen, Zum Teil auch gern mit Lebensmittelfarbe eingefärbt, bieten Gelegenheit zum Klettern, Spielen und Schreddern.
Schaukeln werden von Sittichen heiß geliebt und sind eine willkommene Ergänzung. Bringen Sie, wenn möglich, mehrere an, denn die Kleinen streiten sich gern um die Schaukeln, wenn sie sich zur Nachtruhe darauf niederlassen, und natürlich erscheinen bereits besetzte Schaukeln als besonders begehrenswert.

EINSTREU

Die Bodenschale sollte in kleinen Volieren oder enger Besatzungsdichte aus hygienischen Gründen und der Staubentwicklung besser nicht mit Vogelsand eingestreut werden. Der zur Verdauung erforderliche Sand und Grit kann ersatzweise in einem extra Schälchen angeboten werden. Als Einstreu eignet sich neben Vogelsand auch Buchenholzgranulat, Mais- oder Hanfeinstreu, Vogelerde und Heu, das den Tieren zusätzlich etwas Beschäftigung bietet. Auch Zeitungs- und Küchen-

Freizeitgestaltung: Hier ist man gern unterwegs.

papier sind eine Alternative und besonders leicht auszutauschen. In dem Fall kann eine zusätzliche Pickbox (S. 117) außerhalb der Voliere angeboten werden.
Manche Volieren sind ergänzend mit einem einschiebbaren Gitterboden ausgestattet, den lässt man besser weg. Denn solche „bodenlosen“ Käfige verwehren den Vögeln ihr natürliches Bedürfnis, auf dem Boden zu laufen und ihn zu erkunden.
Futter- und Trinknäpfe können in Höhe der Sitzstangen angebracht werden und müssen so platziert sein, dass sie nicht durch herabfallenden Kot (darüber liegende Sitzstangen meiden) verunreinigt werden. Manche Vogelhalter füttern ihre Tiere auf dem Boden oder in Bodennähe der Voliere. Eine Bodenfütterung kommt dem natürlichen Verhalten, Futter am Boden zu suchen und aufzunehmen, sehr nah. Allerdings sind die Wellensittiche auch immer etwas nervös, wenn sie sich in Bodennähe aufhalten. Deshalb empfiehlt es sich am Anfang, das Futter parallel auch weiter oben anzubieten, bis sie sich daran gewöhnt haben und die unteren Futterplätze problemlos aufsuchen.

DEN FREIFLUGRAUM SPANNEND GESTALTEN

Ein großer, offener Luftraum ist wichtig, der den Vögeln eine Strecke von mindestens drei Metern Länge, besser mehr, zum Fliegen bietet. Idealerweise werden zwei möglichst weit voneinander entfernte Spiel- und Landebereiche angeboten, um eine lange Flugstrecke zu gewährleisten. Die Ausstattung des Vogelbereichs sollte mindestens in Kopfhöhe des Menschen, teilweise etwas höher liegen, denn die Australier halten sich am liebsten oben auf.

HOCHSEILGARTEN UND FREISITZE

Waagrecht an Seilen aufgehängte verschieden starke Naturäste können an der Decke befestigt werden. Sie sollten nicht schnurgerade angeordnet sein, sodass die Vögel sich nicht nur nebeneinander-, sondern auch gegenübersitzen können.
Weitere Freisitze wie Stell-Spielplätze, Spiralen und Ringe aus Sisal oder Baumwolle bieten sich an, ebenso im Fachhandel erhältliche Leitern, Triangeln, Hängebrücken oder Kletternetze bilden ausgezeichnete Sitzplätze. Ergänzt durch Spielzeuge wie z.B. Weidenkugeln, halbe Kokosnussschalen und Lederbändchen mit Holzplättchen entsteht eine interessante und vielfältige Landschaft für die gesellige Bande, die sie zum Spielen einlädt.

SCHREDDERSPASS

Gegenstände aus weichem Balsa-Holz lassen sich leicht zernagen und garantieren schnelle Erfolgserlebnisse. Was auf keinen Fall fehlen sollte, ist Kork in Form einer Röhre, als große Stücke oder auch als Äste. Es gehört zum Lieblingsspielzeug der Wellis, insbesondere die Weibchen können sich stundenlang damit beschäftigen. Auch Selbstgebasteltes ist eine tolle Alternative. Eine Bodenfläche, zum Beispiel ein Holzbrett auf der Voliere, auf dem die Vögel laufen können, und eine Badestelle machen den Welli-Erlebnisraum komplett. Das alles kann – je nach Möglichkeit – im kleinen als auch im großen Umfang angeboten werden. Denn es kommt nicht nur auf das Platzangebot an: Auch die Ausstattung spielt eine tragende Rolle, ob die Wellensittiche sich damit wohlfühlen.

GEEIGNETE HOLZARTEN

Sammeln Sie nur ungespritzte Hölzer abseits von stark befahrenen Straßen. Äste, die länger auf dem Boden lagen, sollten nicht verwendet werden, hier besteht die Gefahr, die rote Vogelmilbe einzuschleppen. Ahorn, Buche, Erle, Esche, Espe, Haselnuss, Kastanie, Lärche, Linde, Obstbäume, Pappel, Platane, Ulme, Weide können bedenkenlos gesammelt werden.

Abenteuer-Spielplatz
— Busy Budgies

01

02

Ohne Beschäftigung kann ein Tag eintönig und endlos sein. Langeweile ist Gift für unsere Sittiche, sie werden träge und verkümmern. Geben Sie ihnen die Möglichkeit ,ihre Intelligenz und ihre Fähigkeiten zu gebrauchen. Motivieren Sie Ihre Lieblinge stets mit neuen Beschäftigungsangeboten, ihre Zeit sinnvoll auszufüllen und körperlich aktiv zu sein. Die Herausforderung für den Vogelhalter ist dabei, sich immer wieder etwas Neues auszudenken, um für vielfältige Anregungen zu sorgen. Lassen Sie sich etwas einfallen, überraschen Sie Ihre Tiere. Z. B. indem Sie kleine, neue Spielzeuge auf dem Volierendach oder Fensterbrett vorfinden. Es können auch ganz simple Gegenstände sein, wie zusammengeknäulte Papierbällchen, Korken oder Kastanien, die man herrlich hinunter katapultieren kann. Verstecken Sie ein paar Leckerchen in den Spielzeugen. Wechseln Sie einige Freisitze oder Spielzeuge durch neue aus, oder hängen Sie sie einfach mal an einer anderen Stelle auf, dass bringt Spannung in den Alltag der Wellis. Finden Sie am Abend jede Menge Zerschreddertes auf dem Boden vor, wissen Sie, dass ihre Vögel einen ereignisreichen Tag hatten.

03

01 *Badespaß mit Wellnessdusche.*

02 *Must have: Korkeichenröhren sind super.*

03 *Freddy steht auf Lederbändchen.*

04 *Hier kann die hübsche Dame noch viele bunte Papierschnipsel ausräumen. Vielleicht ist unter den Schnipseln ein Leckerchen versteckt?*

04

BODEN UND WÄNDE VOR KLECKSEN SCHÜTZEN

In aller Regel setzen die Sittiche ihren Kot nicht während des Fliegens ab. Deshalb empfiehlt es sich, den Boden unter den Freisitzen mit Haushalts- oder Zeitungspapier auszulegen. Das Papier ist schnell ausgetauscht und erleichtert das Sauberhalten. Wischbare Hartböden lassen sich im Vogelraum problemlos reinigen, wer einen Teppichboden hat, kann ihn an stark beanspruchten Stellen mit sogenannten Bodenschutzmatten abdecken. „Verirrte“ Kleckse und Frischkostreste können auch auf Wänden landen, deshalb schützen viele Vogelhalter die Wand hinter der Voliere gern mit Weidenmatten, abwischbaren Fototapeten oder selbstklebenden Folien. Das schont nicht nur Wände, es kann auch noch dekorativ aussehen. Künstlerisch Begabte bemalen ihre Wände sogar selbst mit Motiven. Für kleine Flächen sind zudem abwischbare Wandfarben gut geeignet, sie sind wasserabweisend, strapazierfähig und scheuerfest.

LICHT

Wellensittiche besitzen ein herausragendes Sehvermögen, im Gegensatz zum Menschen nehmen sie die übliche Hausbeleuchtung ganz anders wahr: Das künstliche Licht verfälscht die Farbwiedergabe, gibt für sie nicht genügend Helligkeit ab und flackert in den Augen der Vögel. Zugleich filtern Fensterscheiben die UV-Strahlung des Sonnenlichtes weitestgehend, sodass die im Haus gehaltenen Tiere kaum UV-Licht erhalten. Bei chronischem Mangel an UVB-Licht können die Sittiche gesundheitliche Probleme bekommen, denn es wird für die Vitamin-D3-Synthese benötigt, die entscheidend die Aufnahme von Kalzium steuert und somit für die Knochenbildung und deren Erhaltung sorgt. Bei einer Unterversorgung wird das Kalzium in den eigenen Knochen abgebaut, was zu Deformierungen des Skeletts führt. Im Fachhandel erhältliche Bird Lamps sind auf alle genannten Aspekte der Seh- und Erkennungsbedürfnisse der Vögel abgestimmt und geben UVA- und

Bird-Lamp: Im Winter sorgt Kunstlicht für die nötige Helligkeit. Abends wird das Licht gedimmt.

Nach einem ereignisreichen Tag ist man ausgelastet und am Abend müde.

UVB-Strahlung ab. Tageslichtleuchten sind eine gute Ergänzung, da auch sie dem Sehvermögen der Australier nahekommen und die Helligkeit erhöhen. Werden sie zusätzlich eingesetzt, sollten sie gegen das Flackern mit einem Vorschaltgerät (EVG) ausgerüstet sein, ebenso andere Leuchten, die sich im Vogelzimmer befinden. Das Zimmer muss jedoch nicht komplett ausgeleuchtet sein, dämmrige Stellen bieten den Vögeln „Licht-Schatten-Plätze“ und wirken natürlicher.

EIN PLATZ AN DER SONNE

Das ungefilterte Sonnenlicht bleibt jedoch die beste und gesündeste Variante, es wird kostenlos geliefert und ist durch kein künstliches Licht ersetzbar. Bedenkt man die Anschaffungskosten und den Stromverbrauch für die Lampen, ist ein vergittertes Fenster lohnend. Hier können die Wellis an milden Tagen vor dem geöffneten Fenster sitzen und Luft und Sonne tanken. Schon ein kurzer Aufenthalt liefert den Vögeln mehr UV-Licht, als jede bisher erhältliche Vogellampe.

TAG- UND NACHTRHYTHMUS

Der Tag- und Nachtrhythmus der Wellensittiche sollte sich an ihren natürlichen Lebensbedingungen orientieren. Die Tagphase sollte mindestens 10 bis höchstens 14 Stunden andauern. Zur Sommerzeit kann man ohne Weiteres dem natürlichen Tageslichtverlauf folgen. Im Winter wird mit künstlicher Beleuchtung nachgeholfen, um die Tageslängen etwas auszudehnen. Das Licht sollte jedoch nie abrupt gelöscht werden, dann hätten die Tiere keine Zeit mehr, sich auf die Nachtruhe vorzubereiten, ein letztes Mal zu fressen und die Schlafplätze aufzusuchen. Im Sommer kann man einfach die künstliche Beleuchtung vor Einbruch der Dunkelheit ausschalten und die einsetzende Abenddämmerung nutzen. Die Beleuchtung der verlängerten Winterabende kann stufenweise über einen Zeitraum von etwa einer halben Stunde gedimmt werden, indem eine Lichtquelle nach der anderen ausgeschaltet wird. Wesentlich komfortabler ist eine Zeitschaltuhr, die die Dämmerung am Morgen und Abend simuliert.

Emma hat ihren Traumjob gefunden: Gärtnerin! – Erst umgraben, dann einpflanzen …

EIN LICHT GEGEN NACHTPANIK

Viele Vogelbesitzer kennen es: Ohne ersichtlichen Grund flattern die Wellensittiche mitten in der Nacht plötzlich wild und panisch umher. Dieses Phänomen ist als Nachtpanik oder auch als Night fright bekannt. Durch eine Störung schreckt ein Tier aus dem Schlaf und fliegt instinktiv los, um zu fliehen. Dadurch ist auch der Rest des Schwarmes alarmiert und fliegt mit! Der Auslöser der Nachtpanik kann ein plötzliches oder ungewohntes Geräusch sein, Blitze bei Gewitter oder eine Fliege. Die Ursachen sind oft schwer festzustellen. Das panische Geflatter in der Dunkelheit kann zu schweren Verletzungen führen, wenn die Tiere im Blindflug gegen das Volierengitter krachen. Deshalb hilft ein kleines Nachtlicht den Vögeln (z. B. Nachtlampen, die in die Steckdose gesteckt werden), um sich zu orientieren. Bei einer Nachtpanik-Attacke sollte man das Licht anmachen, damit sich die Sittiche orientieren und schneller beruhigen können. Meist sitzt die Panik der Tiere so tief, dass auch Versuche des Halters, sie zu besänftigen, scheitern oder gar ein erneutes Flattern auslösen. Darum ist es sinnvoll, besonders behutsam zu sein und die Tiere mit etwas Abstand zu beobachten, bis sie sich wieder beruhigt und ihre Plätze eingenommen haben. Leise Musik im Hintergrund, oder wenn man beruhigend auf sie einredet, kann helfen. Beugen Sie auch an Silvester vor, indem Sie die Rollläden schließen und das Licht anlassen, wenn Sie nicht zu Hause sind.

EIN VOGELSICHERES ZIMMER

Beim täglichen Freiflug lauern einige Gefahren, daher sollte man das Freiflugzimmer von vornherein möglichst sicher einrichten. Starten die Wellensittiche zu ihrem (ersten) Ausflug, muss man nicht mehr viel bedenken, außer dass Türen und Fenster geschlossen sein sollten, um ein Entfliegen zu verhindern. Öffnen und schließen Sie die Türen zum Vogelzimmer vorsichtig, denn Wellis sitzen gern auf der Tür oder könnten auf dem Boden herumlaufen. Fensterscheiben und Spiegel

sollten kenntlich gemacht werden, bis sich die Vögel daran gewöhnt haben, z. B. durch Aufkleber oder Gardinen. Auch neue Vögel werden so damit vertraut gemacht.
Grundsätzlich sollte man das Freiflugzimmer mit prüfendem Blick unter die Lupe nehmen und die Vögel bei ihren ersten Ausflügen beobachten, um gegebenenfalls noch vorhandene Gefahrenquellen aufzuspüren. Immer mehr Vogelhalter gehen dazu über, ihren Sittichen den gesamten Tag Freiflug zu gewähren. Sind alle Gefahren beseitigt, können die kleinen Energiebündel auch unbeaufsichtigt in der sturmfreien Bude herumdüsen.

UNFALLSCHUTZ

Bekleben Sie Fenster oder Spiegel mit vielen selbstklebenden Notizzetteln. Alle paar Tage können einige entfernt werden, so lernen die Sittiche ganz allmählich die unsichtbare Grenze des Raumes kennen. Dennoch besteht ein gewisses Restrisiko für Scheiben- oder Spiegelkollisionen. Bei extremer Panik lässt sich nicht ausschließen, dass ein Vogel vor Schreck dagegen fliegt.

GEFAHRENQUELLEN

- **Entfliegen oder Quetschungen:** Geöffnete Türen und Fenster; Vorsicht beim Schließen und Öffnen von Türen.
- **Zertreten:** Auf Wellis, die am Boden laufen, achten.
- **Kollisionen:** Glasscheiben und Spiegel
- **Verbrennungen:** Heiße Deckenfluter, offen Kamine, Kerzenflammen, heiße Bügeleisen u. Ä.
- **Vergiftungen:** Viele Zimmerpflanzen sind leicht bis stark giftig und dürfen nicht in Reichweite der Krummschnäbel stehen, Blumendünger und gedüngte Erde, Dämpfe von antihaftbeschichteten Pfannen, Raclette oder Grill, Bleibänder in Gardinen, Reinigungsmittel, Zigarettenrauch oder Zigarettenstummel, Raum-, Imprägnier- und Haarsprays, Duftlampen und -kerzen, Lacke und Farben
- **Ertrinken:** Offene, mit Flüssigkeit gefüllte Gefäße wie Gießkannen, Blumenvasen, Trinkgläser, Spülwasser, Putzeimer, Aquarien, Badewanne und WC. Auch ungefüllte Gefäße bergen die Gefahr, nicht wieder allein herauszukommen.
- **Ersticken:** Plastiktüten oder -folien
- **Feststecken und Hängenbleiben:** Spalten hinter Möbeln und Heizkörpern sind für Sittiche besonders interessant, um eine Bruthöhle zu suchen, Fransen, lange und lose Fäden (auch Baumwollfäden von Vogelspielzeugen stets kurz abschneiden!), Stoffe, Teppiche und Schlingen bergen eine hohe Unfallgefahr, Vögel können sich verfangen, Gliedmaßen abschnüren oder sich strangulieren.
- **Stromschlag:** Benagen von Stromkabel, Steckdosen, Lichterketten
- **Bisswunden:** Andere Haustiere wie z. B. Nager, Hund und Katze getrennt voneinander halten.

GEEIGNETE ZIMMERPFLANZEN

- Amarant *(Amaranthus caudatus)*
- Australischer Flaschenbaum *(Brachychiton rupestris)*
- Bambus (*Phyllostachys* spp.)
- Bananenpflanze (*Musa* spp.)
- Bandbusch *(Homalocladium platycladium)*
- Baumstrelitzie *(Strelitzia nicolai)*
- Bergpalme *(Chamaedorea elegans)*
- Blaues Lischen (Exacum affine)
- Drachenbaum *(Dracaena draco)*
- Elefantenfuß *(Beaucarnea recurvata)*
- Elefantenohr *(Alocasia macrorrhiza)*
- Feuerpalme *(Archontophoenix alexandrae)*
- Frauenhaarfarn *(Cypripedium calcedus)*
- Geweihfarn *(Platycerium bifurcatum)*
- Gloxinie *(Sinningia-Hybriden)*
- Goldfruchtpalme *(Chrysalidocarpus lutescens)*
- Golliwoog *(Callisia repens)*
- Jasmin (*Jasminium* spp.)
- Kamelie *(Camellia japonica)*
- Katzengras (oft *Cyperus zumula* o. a. grasähnliche Pflanzen)
- Kentia Palme *(Howea forsteriana)*
- Königspalme *(Syagrus romanzoffiana)*
- Kokospalme *(Cocos nucifera)*
- Kokospälmchen *(Lytocaryum weddelianum)*
- Krossandre (*Crossandra* spp.)
- Lycaste-Orchidee (*Lycaste* spp.)
- Pantoffelblume (*Calceolarie* spp.)
- Paradiesvogelblume *(Strelitzia)*
- Phoenixpalme *(Phoenix canariensis)*
- Schamblume *(Aeschynanthus sperciobus)*
- Schildfarn (*Polystichum* spp., *Cyrtomium* spp.)
- Schusterpalme *(Aspidistra elatior)*
- Schwertfarn (*Nephrolepsis* spp.)
- Streifenfarn *(Asplenium nidus)*
- Taropflanze *(Colocasia esculenta)*
- Tigerorchidee (*Odontoglossum* spp.)
- Zieringwer *(Hedychium, H. gardnerianum, H. coronarium, Alpina zerumbet, Dichorysandra thyrsiflora)*
- Zimmerahorn (*Abutilon* spp.)
- Zimmerbambus *(Pogonatherum paniceum)*
- Zyperngras (*Cyperus* spp.)

EINGEWÖHNUNG UND VERGESELLSCHAFTUNG

Als frischgebackener Vogelbesitzer sollte man ein paar Tage warten, bis die Vögel zu ihrem ersten Freiflug starten dürfen. So können sich die Sittiche an ihre neue Voliere gewöhnen, Wasser- und Futterstellen finden und die Geräusche sowie ihr neues Umfeld kennenlernen. Ist der große Tag des ersten Ausfluges im vogelsicheren Raum gekommen, bringt man am besten viel Zeit mit und öffnet früh am Tag das Törchen. Dann kann man die Neuankömmlinge in aller Ruhe beobachten, denn sie brauchen oft eine Weile, bis sie wieder in den Käfig zurückfinden, wenn sie draußen sind. Außerhalb der Voliere sollte erst einmal kein Futter angeboten werden, damit sie wieder hineingehen, wenn der Hunger kommt. Eine Kolbenhirse und eine Anflugstange an der Tür helfen, den Rückweg zu finden. Falls der Heimweg gar nicht gefunden wird, sollte man die Tiere zur Not mit einer Nachtbeleuchtung draußen lassen, um sie in der Eingewöhnungsphase nicht zusätzlich zu stressen. Der Halter sollte Ruhe ausstrahlen und behutsam vorgehen, damit den Kleinen die Angst genommen wird und sie Vertrauen fassen können.
Manchmal kann es passieren, dass die Vögel ihren geöffneten Käfig erst gar nicht verlassen. Geben Sie ihnen Zeit, sie dürfen selbst entscheiden, wann die rechte Zeit für einen Ausflug gekommen ist. Freisitze und Leckerchen ganz in der Nähe des Käfigs helfen als Lockmittel und Anreiz.

Hochseilakrobatik über den Dächern von Nizza.

Neugier: Wer bist du denn?

INTEGRATION

Kommt ein Neuling nach dem obligatorischen Eingangscheck in die bestehende Gruppe, sollte er seinen Genossen in einem separaten Käfig vorgestellt werden. Nach einer Weile kann die Volierentür geöffnet werden. So haben sie beim Freiflug genügend Platz, um sich erst mal mit einem gewissen Sicherheitsabstand zu betrachten. Denn wer ist schon gern mit einem Fremden auf engstem Raum zusammen?
In aller Regel ist die Neugier groß, wenn auch erste Kontakte vorsichtig geknüpft werden. Schließlich weiß man noch nicht, mit wem man es zu tun hat. Der Neue wird sich sicher schnell zurechtfinden, da er sich am Schwarm orientieren und sich vieles von den Alteingesessenen abschauen wird.

Vertrauen: Mit dem Halter spielen.

Zahm im Schwarm
— Vertrauen muss man sich verdienen

Jeder Wellensittich besitzt eine eigene, unverkennbare Persönlichkeit und es hängt ganz vom Charakter des einzelnen Vogels ab, ob er zahm wird oder nicht. Vertrauen lässt sich nun mal nicht erzwingen, man muss es sich verdienen. Es besteht durchaus die Chance, dass auch Sittiche, die in einem Schwarm leben, zahm werden können. Ich selbst habe immer einen Schwarm aus mehreren Abgabetieren gehalten. Zu Beginn meiner Vogelhaltung habe ich hin und wieder versucht, mit einem Stückchen Kolbenhirse meine Vögel auf den Finger oder den Arm zu locken. Dabei habe ich meinen Tieren viel Zeit gelassen, sich erst an mich zu gewöhnen. So konnte ich ihnen bei der täglichen Versorgung immer näher kommen, denn mittlerweile wussten sie, dass ich ihnen nichts tue. Früher oder später gelang es mir bei nahezu jedem meiner Sittiche, dass sie freiwillig auf mir landeten.
Zeigte mir einer meiner Vögel, dass ich ihm zu nahe komme, habe ich das stets respektiert, indem ich wieder etwas Abstand nahm, dadurch fühlten sie sich nie bedrängt. Der richtige Zeitpunkt spielt auch eine Rolle, denn sind die Vögel nervös und umtriebig, macht es keinen Sinn. Man nähert sich ihnen lieber, wenn sie ruhig und entspannt sind. Hektische Bewegungen erschrecken die Tiere, man sollte stets besonnen vorgehen. Zudem hat die Schwarmhaltung einen Vorteil beim Zähmen: Ist ein Geselle zahm und hüpft auf die Hand seines Halters, schauen sich einige scheuere Vögel dieses Verhalten gern ab und folgen ihm.
Mit der Zeit verlor die Zahmheit für mich jedoch unmerklich an Bedeutung. Und dennoch, sie landen auf meinem Kopf, knabbern an meinen Fingern und krabbeln neugierig in den weiten Ärmel meines Pullis hinein. Dann werde ich kurz als einer ihrer Spielgefährten akzeptiert, bis sie wieder in ihr buntes Schwarmleben eintauchen.

02

01

01 Mittenrein ins Leckerchen-Getummel.

02 Aus der Hand der Halterin fressen? Ansteckende Wirkung im Schwarm für scheuere Genossen: Was er hat, will ich auch!

03 Auf den Napf zu hüpfen, trauen sich auch die etwas schüchterneren Krakeeler.

04 Mona mit ihrem fröhlichen Schwarm aus Abgabetieren.

003 Zum Film:
Aus der Hand fressen

03

04

AUSSENVOLIERE

Die wohl artgerechteste und schönste Form der Unterbringung ist es mit Sicherheit, den Wellensittichen eine Außenvoliere zu bieten. Wer sich diesen Traum erfüllen kann, bereichert das Leben der quirligen Australier zweifellos: Sie können in der Sonne oder im Schatten sitzen, Wind und Wetter spüren, im seichten Sommerregen duschen, den Umgebungsgeräuschen lauschen und weit in die Ferne blicken. Auch erfreuen sich im Freien gehaltene Vögel einer robusteren Gesundheit durch den naturnahen Lebensraum.

Beim Bau einer Außenvoliere, egal ob Eigenbau oder Auftragsarbeit, ist – je nach Ausführung – Unterschiedliches zu beachten, deshalb ist es ratsam, sich vorab ausführlich und fachkundig beraten zu lassen oder sich durch entsprechende Literatur zu informieren.

Dennoch ein paar allgemeine Hinweise zur Planung einer Außenvoliere: Vor dem Bau ist abzuklären, ob eine Baugenehmigung erforderlich ist. Sprechen Sie mit Ihren Nachbarn und fragen Sie, ob sie sich durch das mitunter lautstarke Gezwitscher gestört fühlen könnten. Sparen Sie beim Bau nicht am falschen Ende, das schützt vor bösen Überraschungen, doppelten Kosten und Arbeit.

004

Zum Film: Wellis draußen halten

DIE BESTE LAGE

Als Standort ist die Südseite für eine Außenvoliere vorzuziehen, in möglichst ruhiger Lage mit wenig Straßenverkehr oder sonstigen starken Störungen. Den sichersten Schutz vor Beutegreifern bietet eine doppelte Vergitterung der Freifluganlage, dabei wird jedes Gitterelement mit einigen Zentimetern Abstand zum anderen angebracht. Ein Betonfundament (Streifenfundament, Mineralbeton) oder ein eingegrabenes Gitter schützt vor Eindringlingen wie Mäusen, Mardern oder Füchsen, die sich durch die Erde graben können.

Überdachen Sie nicht die komplette Voliere, ein Teil des Daches wird nur vergittert, damit die Vögel auch im Regen duschen können.

Zugänge zum Vogelbereich müssen mit einer Schleuse ausgestattet sein, damit keiner entwischen kann. Jede Außenvoliere benötigt ein beheizbares und frostfreies Schutzhaus (z. B. per Frostwächter), das im Winter 5 bis maximal 10 °C aufweist. Zu große Temperaturunterschiede zwischen Innen- und Außenbereich sollten vermieden werden, denn sie begünstigen Erkältungen.

Zweckentfremdet: Katzenklappe für Wellis.

Traumhaft: Sprungbrett ins Freie.

Einfach Durchstarten: Vom Wohnzimmer direkt in die Außenvoliere fliegen.

Wellensittiche, die einer Innenhaltung entstammen, können nicht das ganze Jahr ins Freie umgesiedelt werden. Die Vögel sollten frühestens im Mai in die Außenvoliere ziehen, sobald keine Nachtfröste mehr zu erwarten sind, bis spätestens Ende August, bevor die Nächte wieder langsam kälter werden. So haben die Sittiche genug Zeit, um sich allmählich an die Witterung anzupassen. Vögel in Außenhaltungen können mit dem Kot der Wildvögel in Kontakt kommen, deshalb ist es ratsam, zwei Mal im Jahr eine Sammelkotprobe (Kot aller Vogelbewohner) vom Tierarzt untersuchen zu lassen.

FENSTER- UND BALKONVOLIERE

Nicht jeder kann sich den Wunsch einer Außenvoliere verwirklichen, doch es gibt auch tolle Alternativen, seine Wellis zu Freiluftfans zu machen. Neben der einfachsten Variante, ein Fenster zu vergittern, ist die Fenstervoliere eine ausgezeichnete Option, seinen Tieren den Außenbereich zugänglich zu machen. Grenzt das Vogelzimmer unmittelbar an einen Balkon mit einem Fenster, besteht die Möglichkeit, von außen einen Käfig vor dem Balkonfenster zu errichten. Ebenso kann man eine Schleuse an die Balkontür bauen. Sie dient nicht nur als Schutz, sondern als Balkonvoliere, zumindest so lange sie nicht als Ausgang für die menschlichen Bewohner genutzt wird. Wer im Erdgeschoß wohnt, kann auch einen bodentiefen Käfigerker am Fenster anbringen.

Manche vergittern ihren gesamten Balkon, um ihn gemeinsam mit den Wellis zu genießen. Ihrer Phantasie sind keine Grenzen gesetzt und wer sich ein paar Gedanken macht, findet sicher eine individuelle Lösung für sich und seine Wellis. Gleichzeitig löst eine Fenstervoliere auch das Problem des Lüftens, das jeder Wellihalter kennt: Das Vogelzimmer kann immer nur dann gelüftet werden, wenn die Wellensittiche im Käfig sind, damit keiner der Kleinen ausbüxt. Jetzt kann jederzeit für frische Luft gesorgt werden.

EIN SAUBERES HEIM MUSS SEIN

Die Behausung der Wellis muss regelmäßig gereinigt werden, denn ein sauberes Umfeld schützt vor krankmachenden Keimen und Infektionen, damit sie gesund und fit bleiben. Ausgediente Äste und abgenutztes Vogelzubehör werden bei Bedarf durch Neues ersetzt.

PFLEGEAUFWAND

Frischkostreste, wie Grünzeug und Obst, werden täglich entfernt. Meist empfiehlt es sich, alle 2 bis 3 Tage den Vogelbereich sauber zu machen. In welchen Abständen das Vogelzimmer, Voliere und Freisitze gereinigt werden müssen, lässt sich nicht pauschal beantworten, denn der Pflegeaufwand hängt vom Platzangebot und der Besatzdichte der Vögel ab. Die Sitzstangen und -plätze werden möglichst täglich vom Kot befreit.

TRINKGEFÄSSE UND FUTTERNÄPFE REINIGEN

Es ist wichtig, dass die Gefäße stets absolut sauber sind, damit keine Bakterien- und Pilzherde entstehen. Besonders in Näpfen und allen Gefäßen, die mit Wasser oder Feuchtigkeit in Berührung kommen, können sich gesundheitsschädliche Keime explosionsartig vermehren. Sie müssen deshalb täglich gründlich mit heißem Wasser und einem Spülschwamm gereinigt werden. Trinkröhrchen lassen sich gut mit einer kleinen Flaschenbürste putzen. Reinigen Sie alle Ecken und Kanten sorgfältig. Kaufen Sie am besten zwei Trinkgefäße, denn dann kann eines in Ruhe austrocknen, während das andere im Einsatz ist. Dadurch entzieht man Krankheitserregern wie Trichomonaden den Nährboden, denn sie überleben nur im feuchten Milieu. Das Gleiche gilt für die Futternäpfe. Decken Sie sich also in doppelter Ausführung ein.

Kot wird mehrmals die Woche entfernt.

DIE AUSRÜSTUNG

Am besten verwendet man heißes Wasser, um die Vogelausstattung zu reinigen. Bei Bedarf kann man einen Schuss Essig ins Wasser geben, er wirkt antibakteriell und ist unschädlich für die Tiere. Bewährt haben sich ein Putzschwamm und eine Spülbürste zum Schrubben, eine Zahnbürste hilft, schwer zugängliche Stellen zu säubern. Verwendet man Reinigungsmittel wie Neutralseife oder Spülmittel für Näpfe und Trinkröhrchen, sollten sie sehr gründlich mit klarem Wasser nachgespült werden, denn Rückstände sind für die Sittiche nicht gesund. Auf Desinfektionsmittel können Sie in einem gepflegten Heim getrost verzichten. Sie richten oft mehr Schaden an, als dass sie nutzen, indem sie z. B. das Immunsystem der Vögel schwächen. Darum sollte ihr Einsatz nur bei Infektionskrankheiten oder Parasitenbefall auf Empfehlung des Tierarztes erfolgen.

DIE VOLIERE

Mindestens einmal in der Woche ist eine Grundreinigung angesagt: Entsorgen Sie die alte Einstreu, schrubben Sie Käfig und Bodenwanne mit heißem Wasser und trocknen sie ein wenig ab. Danach wird die Bodenwanne mit frischer Streu gefüllt.

ÄSTE, FREISITZE UND SCHAUKELN

Verunreinigungen werden mit heißem Wasser entfernt, bei hartnäckigen Belägen hilft es, die Gegenstände einige Minuten einzuweichen, dann löst sich der Vogelkot von allein. Verwenden Sie auf keinen Fall Reinigungs- oder Desinfektionsmittel, denn sie ziehen in die Naturmaterialien ein und können nicht wieder restlos abgespült werden. Wenn die Zweige zu sehr beknabbert oder verschmutzt sind, werden sie durch frische ersetzt. Das gilt auch für Spielzeug und anderes Zubehör. Tauschen Sie es bei Bedarf aus.

EIN SAUBERES FREIFLUGZIMMER

Staub, Federn, Körnerhülsen und Kot werden regelmäßig aus dem Freiflugzimmer entfernt. Mit einem Schaber lassen sich grobe Kothäufchen vom Boden kratzen. Dem Putzwasser kann man vorzugsweise Essig oder Neutralreiniger beimengen. Glatte Böden lassen sich leicht wischen, wenn eingetrocknete Kotbällchen zuvor mit Wasser eingeweicht wurden. Mit Einzug der Vögel wird Ihr Staubsauger an Bedeutung gewinnen, denn wer einen kleinen Schwarm hält, wird deutlich mehr putzen müssen. Das ist nicht zu unterschätzen.

Einmal wöchentlich ist eine Grundreinigung fällig.

Alles sauber? Nachdem die Voliere geschrubbt wurde, wird sie wieder schön eingerichtet.

Weiß man die Vögel gut betreut, kann man entspannt in den Urlaub gehen.

Urlaubsbetreuung

Wenn Sie verreisen, benötigen Sie eine tägliche Urlaubsbetreuung für Ihre Wellensittiche. Am besten kümmert man sich schon früh darum, um rechtzeitig eine passende Betreuung für die Vögel zu finden.

Die Aufgabe ist meist leicht gelöst, wenn man nur wenige Wellensittiche hält und sie mühelos bei Verwandten oder Freunden unterbringen kann. Anders sieht es bei einem größeren Vogelschwarm aus: Hier ist es oft sinnvoller, die Vögel vor Ort zu lassen und jemanden zu suchen, der sich täglich um sie kümmert. Für die Piepmätze ist es sicherlich am stressfreisten, wenn sie in ihrer gewohnten Umgebung bleiben können. Vielleicht hat man einen netten Nachbarn, der die Versorgung der Vögel gern übernimmt? Besitzt er zudem auch Haustiere, kann eine gegenseitige Hilfe eine gute Lösung sein.

Steht keine private Urlaubsbetreuung aus dem Familien- oder Bekanntenkreis zur Verfügung, sollte man klären, ob man eine Pflegestelle oder eine Betreuung im eigenen Zuhause suchen möchte. Für beide Varianten gibt es die Möglichkeit, auf private oder professionelle Tiersitter zurückzugreifen.

WO FINDET MAN PFLEGE-ANGEBOTE?

— Manche Tierarztpraxen und Zoofachhandlungen bieten diesen Service.
— Über die Suche im Internet (Suchbegriffe wie z. B., Tierpension, -sitter, -betreuung)

— Im örtlichen Branchenbuch
— Viele Tierheime führen Listen.
— Einige Vogelforen bieten die Rubrik „Urlaubsbetreuung“ an, hier findet man Angebote und Gesuche (Vorteil: optimal, wenn erfahrene Vogelhalter die Urlaubsbetreuung übernehmen).

VERTRAUEN IST GUT, KONTROLLE IST BESSER

Gibt man seine Liebsten in fremde Hände, sollte man sich im Vorfeld ein genaues Bild über die Betreuung machen und Referenzen einholen. Zudem ist es sinnvoll, einen Vertrag über die vereinbarten Leistungen und Kosten abzuschließen. Werden die Tiere nicht zu Hause versorgt, sollte man sich die Unterbringung vorher genau anschauen: Wirkt die Unterkunft einwandfrei und tadellos? Die eigenen Wellis sollten zudem lieber keinen Kontakt zu anderen Vögeln haben, um Übertragungen von Krankheiten zu vermeiden. Eine seriöse Betreuungsstelle wird die Räumlichkeiten bereitwillig zeigen und alle Fragen des Tierhalters gern beantworten.

ABSPRACHEN IM VORFELD

Es ist empfehlenswert, die Urlaubsbetreuung gut in die Pflege der Vögel einzuweisen, eine Checkliste aufzustellen und alle wichtigen Informationen (wie z. B. Anzahl der Tiere, Steckbrief der einzelnen Wellis, Fütterungsplan, ggf. Medikamentengabe, Tierarztadresse, Erreichbarkeit des Halters und/oder Ansprechpartner für den Notfall) schriftlich für den Betreuer zu hinterlegen.
Klären Sie auch, was derjenige tun soll, falls ein Tier erkrankt und wie die Bezahlung des Tierarztes geregelt wird. Gegebenenfalls ist es sinnvoll, die Telefonnummer eines Ansprechpartners für den Ernstfall zu hinterlassen, der einen erkrankten Vogel zum Tierarzt bringt, falls der Betreuer dies nicht selbst tun kann. Oder auch mit Rat und Tat bei auftauchenden Problemen zur Seite stehen kann. Akut kranke oder gesundheitlich labile Tiere bringt man am besten bei erfahrenen Vogelfreunden oder stationär beim vogelkundigen Tierarzt unter, damit sie behandelt werden können.
Wenn die Wellensittiche nachts ohne Aufsicht sind, ist es sicherer, ein helleres Nachtlicht zu wählen. Bei aufkommender Nachtpanik können sich die Vögel besser orientieren und beruhigen sich schneller, wodurch das Verletzungsrisiko sinkt.
Wenn alles gründlich und sorgfältig vor dem Urlaubsantritt vorbereitet wurde, kann man entspannt und sorgenfrei in den wohlverdienten Urlaub starten.

FLIEGEN LASSEN?

So manchem Vogelhalter, der sich nicht rechtzeitig um eine Urlaubsbetreuung gekümmert hat oder keine findet, wird geraten, seine Wellensittiche fliegen zu lassen. Auch wenn ein verantwortungsvoller Tierhalter dies nie in Erwägung ziehen würde, sei klargestellt: Entflogene Hauswellensittiche überleben nicht lange, sie verhungern, erfrieren oder fallen Fressfeinden zum Opfer, es wäre ihr sicherer Tod! Kann man die Vögel nicht behalten, gibt man sie notfalls im Tierheim ab.

Bestens versorgt

— Ernährung, Beschäftigung und Gesundheit

Knackig, saftig, lecker! Mehr als nur reife Körner im Speiseplan. Wie wärs mit Keksen und Golliwoog?

Ein buntes Büfett

Essen dient nicht nur der zweckmäßigen Nahrungsaufnahme, sondern ist ein sinnliches Vergnügen. Die putzmunteren Leckermäulchen im Federkleid bekommen es gesund, vielfältig und erlebnisreich serviert.

Obwohl die Wild-Wellensittiche meist kein allzu üppiges Nahrungsangebot in der kargen Buschsteppe vorfinden, ist die Nahrung der Heimvögel vergleichsweise noch eintöniger. Übliche Körnermischungen aus dem Zoofachhandel enthalten oft nur ein paar wenige Saaten, während die Savanne den Wildvögeln in der Regenzeit eine Vielfalt an Saaten in allen Reifestadien bietet. Verschiedenen Pflanzen, Blüten, Rinde und gelegentlich einige Früchte runden das Nahrungsangebot ab. Als körnerfressende Spezialisten besteht die Hauptspeise der Sittiche zweifelsohne aus Sämereien, eine Mischung reifer Körner (sie besitzen keine oder kaum Mikronährstoffe und eine andere Aminosäurenzusammensetzung) allein reicht aber nicht aus, um ihren Nährstoffbedarf zu decken. Wie sollte also eine ausgewogene Ernährung aussehen, die alles Benötigte enthält und es weder zu einer Unter- noch Überversorgung kommen lässt?

MÖGLICHST ABWECHSLUNGSREICH

Am besten orientiert man sich an der Ernährungsweise ihrer wilden Verwandten. Die Nahrung sollte vor allem abwechslungs- und facettenreich angeboten werden und mit allerlei Frischkost ergänzt sein. Allerdings darf auch nicht immer alles und zu jeder Zeit zur Verfügung stehen. Dadurch wird eine breit gefächerte und vielseitige Nährstoffauf-

Essbare Blüten sind dufte!

nahme ermöglicht und eine Überdosierung einzelner Inhaltsstoffe vermieden. Insbesondere bei aromatischen Kräutern und Pflanzen, die für ihre Heilkräfte bekannt sind, ist Vorsicht geboten. In geringen Mengen sind sie durchaus sinnvoll, doch sie sollten nicht über längere Zeit verabreicht werden.

So kann der Frühling und der Sommer mit seinen vielen frischen Wildgräsern und allerlei saisonalem Gemüse und Obst genutzt werden, der Herbst mit Beeren und den Samenständen von Wildpflanzen. Da im Winter weniger saisonales Gemüse angeboten wird, kann man ihn mit Quell- und Keimfutter und dem eigens dafür angelegten Vorrat an tiefgefrorenen Gräsern, Beeren und halbreifer Hirse überbrücken. Auch Golliwoog und Katzengras aus dem Zoofachhandel sorgen für frisches Grün in der kalten Jahreszeit.

FUTTERBEDARF

Im Outback müssen die Vögel einen Großteil des Tages für die Nahrungssuche aufwenden und sich dabei vielen Anstrengungen und Herausforderungen stellen. Dagegen sind die Heimvögel oft unterfordert und langweilen sich, denn sie müssen sich nicht sehr bemühen, um den nächsten, stets gefüllten Futternapf aufzusuchen. Daneben mangelt es ihnen meist an Anreizen, die sie zu mehr Bewegung animieren, deshalb neigen sie schnell zu Übergewicht. Werden zusätzlich noch energiereiche Leckerchen wie handelsübliche Knabberstangen oder Kräcker gereicht, sind Fettleber, Lipome, Sohlenballengeschwüre und Arterienverkalkung oft die Folge.

Um dem entgegenzuwirken, sind ein artgerechter, naturnaher Speiseplan und viel Bewegung die beste Basis für gesunde und fitte Federbällchen. Hier kann sich der Halter regelmäßig ausgetüftelte Beschäftigungsmöglichkeiten und Futterspiele (auch Foraging genannt) einfallen lassen, um ihnen Spannung und Abwechslung zu bieten.

Das angebotene Hauptfutter sollte geringfügig über dem Tagesbedarf liegen, sodass kaum Reste übrigbleiben. Auf diese Weise werden alle Sämereien verzehrt und nicht nur die gut schmeckenden, fettreichen Saaten herausgepickt. Dadurch wird eine einseitige Ernährung verhindert. Neben dem Hauptfutter aus reifen und halbreifen Sämereien sorgen frische Kost wie Gemüse, Salate, Kräuter, Wildpflanzen, Quell- und Keimfutter, Obst und Beeren für einen abwechslungsreichen und ausgewogenen Speiseplan.

Nachmittagsmenü: Salatgurken im Viererlei-Hirsekörnermantel (ohne künstliche Zusatzstoffe).

Im Durchschnitt braucht ein Wellensittich täglich rund 10 Gramm Körnerfutter (ca. 2 Teelöffel), die Menge richtet sich dabei nach dem individuellen Energiebedarf. Besonders aktive Vögel und solche, die in Außenvolieren gehalten werden (besonders in der kalten Jahreszeit), benötigen etwas mehr Futter. Auch während der Mauser und der Brut (Leistungsstoffwechsel) liegt der Bedarf höher, wogegen er im Erhaltungsstoffwechsel und für träge Gesellen niedriger ist. Zur Kontrolle des Gewichts können die Sittiche am besten monatlich mit einer grammgenauen Digitalwaage mit Tara-Funktion gewogen werden.
Um scheue Vögel dafür nicht immer einfangen zu müssen, präparieren viele Vogelhalter eine „Tarn-Waage", die, mit einem Leckerchen (oder einer zusätzlichen Sitzstange) bestückt, auf Null gestellt wird. Man muss natürlich den richtigen Moment erwischen, in dem sich nur ein Tier auf der Waage befindet, um das Gewicht abzulesen. Ansonsten kann man auch eine Transportbox auf die Waage setzen, die Tara-Funktion betätigen und dann den Sittich hineinsetzen.

DAS BRAUCHT KEIN VOGEL

Billige Füll- und Abfallstoffe tun dem Handel gut, aber nicht den Vögeln. Viele im Zoofachhandel und Supermarkt angebotene fertige Körnerfuttermischungen, Knabberstangen, Kräcker und Ähnliches enthalten Inhaltsstoffe wie Bäckereinebenerzeugnisse, Zucker, Honig, Glukose, Salz, Eier und Eierzeugnisse, pflanzliche Nebenerzeugnisse, Konservierungsstoffe, Antioxidantien, Farbstoffe, Öle, Fette, Fleisch, tierische Nebenerzeugnisse, Molkereiprodukte (Milchzucker können Wellensittiche nicht verdauen). Das sind billige Füll- und Abfallstoffe aus der Lebensmittelindustrie, die wenig mit einer artgerechten Ernährung gemein haben. Ebenso sind Mauserhilfe, Sprechperlen und bunte Vitaminkügelchen keine sinn- oder wertvollen Nahrungsgaben und nicht zu empfehlen.

GUTE KÖRNERMISCHUNG

Eine hochwertige Futtermischung enthält keinerlei Zusatzstoffe und ist von frischer Qualität. Ein großer Teil der Mischung sollte aus Kanariensaat (Spitz, Glanz) und verschiedenen Hirsesorten (z. B. Rispen, Plata- und Senegalhirse) bestehen. Sie haben den benötigten hohen Kohlenhydratanteil bei geringem Fett- und Proteingehalt. Daneben eignen sich auch weitere Getreide wie Hafer, Weizen, Gerste und Roggen. Ölhaltige, fettreiche Saaten, wie z. B. Leinsaat, Hanf, Negersaat, Sesam, Rübsen und Mohn sollten nicht mehr als 5 % des Gesamtanteils beinhalten. Man kann das Futter mit allerlei Wild- und Grassamen ergänzen, wobei das fettarme Knaulgras bei den Sittichen überaus beliebt ist. Es kann dem Hauptfutter untergemischt oder in einem separaten Schälchen angeboten werden. Sehr kleine Einzelsaaten bietet man besser auch in einem extra Napf an.
Sehr empfehlenswert sind Internetshops von Fachhändlern für Vogelbedarf, sie bieten fertige Körnermischungen von hoher Qualität und bemerkenswerter Vielfalt von rund 25 Saaten sowie einigen Varianten an. Oft sind auch zahlreiche Einzelsaaten erhältlich, mit denen sich das Hauptfutter selbst mischen oder ergänzen lässt, um Abwechslung zu bieten. Darüber hinaus sind auch viele Grassamen wie das Knaulgras, getrocknete Blüten, Kräuter und Keimfutter erhältlich und viele verfügen über ein breites Vogelausstattungsangebot.
Das Körnerfutter sollte kühl und trocken gelagert werden. Zur Aufbewahrung eignen sich haushaltsübliche Plastikdosen, um Schimmelbildung und Schädlingsbefall zu vermeiden.

Entfernen Sie die Spelzen aus dem Futternapf, indem Sie diese abschöpfen oder auspusten. Denn auch wenn der Futternapf gefüllt aussieht, liegen lediglich die leeren Hülsen auf dem Futter und die Vögel kommen nicht mehr an die darunter liegenden Körner heran.

KEIMPROBEN-FRISCHETEST

Wie frisch das Körnerfutter ist, lässt sich leicht testen: Spülen Sie eine Handvoll Saaten im Sieb gründlich mit Wasser und lassen sie etwa 8–12 Stunden im Wasser quellen. Danach erneut unter fließendem Wasser spülen. Daraufhin werden sie, mit einem durchsichtigen Deckel zugedeckt, an einem hellen und warmen Ort keimen gelassen. Alle 12 Stunden wird die Saat mit Wasser gespült, damit sie nicht austrocknet. Sind nach 24–48 Stunden 75 % oder mehr der Körner gekeimt, ist das Futter frisch. Bei unter 60 % bietet es nicht mehr genügend Nährstoffe.

Auch wenn's gut schmeckt, auf die Figur achten.

MASSVOLL VERWÖHNEN

Hin und wieder können Sie reife rote und gelbe Kolbenhirse anbieten, denn Liebe geht bekanntlich durch den Magen. Weitere leckere Rispenformen sind Reis, Weizen, Hafer, Leinsaat/Flachs, Amaranth und wer gern backt, macht Welli-Kekse sogar schnell selbst:

— 1 Ei
— 1 EL Weizenmehl oder Dinkelmehl, Typ 550
— 225 g Körnerfutter

Mehl und Ei vermengen, nach und nach Körnerfutter unterheben. Auf Backpapier (alternativ mit Hilfe einer Ausstechform) zu Keksen formen und bei 120 °C ca. 18–25 Minuten backen, bis sie Farbe bekommen.

005
Anleitung: Kräuter sammeln

KNACKIG, SAFTIG, FRISCH: GRÜNZEUG

Grünzeug und Frischkost enthalten wertvolle Vitamine und Spurenelemente, sie können täglich angeboten werden und sollten möglichst pestizidfrei und daher besser nur in Bio-Qualität angeboten werden. Selbstgesammeltes sollte nur von ungespritzten, ungedüngten Wiesen oder Feldern fernab stark befahrener Straßen entnommen werden. Alle Futtermittel werden vorher gut gewaschen. Achten Sie darauf, dass es frisch ist, Verfaultes und Angeschimmeltes wird auf keinen Fall verfüttert. Verfüttern Sie viel Gemüse und weniger Obst. Abwechslungsreiche Frischkost verhindert Mangelerscheinungen oder eine Überversorgung einzelner Inhaltsstoffe. Die gesunde Kost bietet neben dem Geschmackserlebnis übrigens auch jede Menge Schredderspaß, wenn z. B. eine Karotte genussvoll in kleinste Teilchen zerlegt wird, saubermachen müssen ja eh die federlosen Mitbewohner.

DAS DARF ICH NICHT FRESSEN

Avocados sind giftig für Vögel!
Unbekömmlich: Bohnen, Kohl, Pilze, Rhabarber, Spargel, Zitrusfrüchte.

WAS DER BAUER NICHT KENNT, FRISST ER NICHT

Wellensittiche können ganz schön mäkelig und stur sein. Manchmal haben sie sogar Angst beim Anblick einer Karotte, die sie noch nie zuvor gesehen haben. Als Halter braucht man schon ein wenig Geduld und Ausdauer! Bieten Sie es einfach immer wieder an, bis der Vogel es eines Tages vielleicht probiert. Wird ein Nahrungsmittel lange Zeit gänzlich verschmäht, versucht man ein anderes. Irgendwann kommt ein mutiger Feinschmecker auf den Geschmack und findet frischen Dill auf einmal unglaublich köstlich. Kurz darauf ziehen andere Futterneider schnell nach. Interessant ist hierbei auch, dass die Jungen einer einseitig ernährten Vogelmutter später ebenso unaufgeschlossen auf Grünzeug reagieren.

GEEIGNETES GRÜNZEUG

Gemüse: Aubergine, Chicorée, Chili*, frische Erbsen, Fenchel, Frühlingszwiebeln, Karotten, gekochte Kartoffel, Kohlrabi, Kürbis, Lauch, frischer Maiskolben (milchig-weich), Mangold, Paprika, Peperoni*, Portulak, Radieschen, Rettich, frische Rote Beete, Salatgurke, Stangensellerie, frischer Spinat, Tomaten, Zucchini.
Salate: Bataviasalat, Eichblattsalat, Eisbergsalat, Feldsalat, Frisée, Kopfsalat, Lollo rosso, Römersalat, Rucola, Salatherzen.
Obst: Apfel, Aprikose, Banane, Birne, Blaubeere, Brombeere, Erdbeere, Feige, Guave, Heidelbeere, Himbeere, Johannisbeere (rot, schwarz), Karambole, Kirsche, Kiwi, Litschi, Mango, Melone, Mirabelle, Nektarine**, Papaya, Pfirsich**, Pflaume, Quitte, Stachelbeere, Weintraube, Zwetschge.
Gartenkräuter: Bärlauch, Basilikum, Beifuß, Bohnenkraut, Borretsch, Brunnenkresse, Dill, Estragon, Fenchel- und Karottengrün,

Mit Mangold fit in den Tag starten.

Vielen Dank für die Blumen ...

Carla Karacho beim Karottenhäckseln.

Kerbel, Koriandergrün, Kresse, Liebstöckel, Majoran, Melisse, Minze*, Oregano*, Petersilie*, Pimpinelle, Salbei*, Sauerampfer, Schnittlauch, Thymian*, Zitronenmelisse.

Wildpflanzen: Beinwell, Breitwegerich, Brennnessel (junge Blätter blanchieren, reife/halbreife Samenstände), Brombeere, Brunnenkresse, Frauenmantel, Gänseblümchen, Giersch, Hirtentäschelkraut, Johanniskraut, Kamille, Kapuzinerkresse, Klee (rot, weiß), Kubaspinat, Löwenzahn (komplett), Mädesüß (reife/halbreife Samenstände), Nachtkerze (reife/halbreife Samenstände), Ringelblume, Salbei, Schafgarbe, Sonnenhut, Spitzwegerich, Vogelknöterich, Vogelmiere, Vogelwicke.

Beeren: Berberitze, Eberesche, Feuerdorn, Hagebutte, Hartriegel, Kornelkirsche, Liguster, Mehlbeere, Sanddorn, Schwarzdorn, Schwarze Maulbeere, Schwarzer Holunder, Weißdorn, Weiße Maulbeere, Weißer Hartriegel.

* wg. der ätherischen Öle nur in Maßen verfüttern; ebenso alle scharfen und bitteren Futtermittel nur begrenzt anbieten.

** Steinobst: Vor dem Füttern leicht aufbrechende Steine entfernen, da sie giftige Blausäure enthalten.

FRISCHKOST

HALBREIFE HIRSE

Halbreife Wildgräser und Hirse kommen der ursprünglichen Nahrung der Vögel am nächsten, kein Wunder also, dass sie von allen Hauswellensittichen heißgeliebt werden. Außerdem bereitet es den Tieren sichtlich Freude, die Körner aus der Pflanze herauszulösen. Hängt man die Ähren freischwingend auf, sorgt es für Beschäftigung, da die Sittiche den Leckerbissen anfliegen, sich daran festhalten und ihn bearbeiten müssen. Diese Beschäftigungsweise bietet ihnen offensichtlich großes Vergnügen, wenn sie sich ihr Futter erarbeiten müssen. Zudem trainiert es die Geschicklichkeit und bereichert ihren Alltag in artgerechter Form.

006
Zum Film: Keimfutter zubereiten

Halbreife Kolben- und Rispenhirse, manchmal auch halbreifer Sorghum (Wellensittiche können nur die halbreifen Körner aufknacken) sind bei manchen Landwirten von Juli bis September erhältlich und werden per Paket zugeschickt. Die halbreife Hirse wird am besten gleich eingefroren, so hat man auch im Winter einen Vorrat parat. Obendrein ist Halbreifes eine leicht bekömmliche und ausgezeichnete Schonkost bei Verdauungskrankheiten der Vögel.

GEEIGNETE WILDGRÄSER

Deutsches Weidelgras (Raygras), Flughafer, Glatthafer, Hasenschwänzchen, Hühnerhirse, Kammgras, Knaulgras, Quirlige Borstenhirse, Rispengras, Ruchgras, Taube Trespe, Timotheegras, Wald-Flattergras, Wald-Hainsimse, Weiche Trespe, Wiesen-Fuchsschwanz, Wiesen-Lieschgras, Wiesen-Rispengras, Wolliges Honiggras, Zittergras.
Vorsicht, Mutterkornpilz! Das ist ein stark giftiger Schlauchpilz, der vorwiegend Getreide, aber auch Wildgräser befällt. Er ähnelt einem echten Korn, ist meist aber größer und purpurfarben bis Schwarz. Achten Sie beim Pflücken darauf und kontrollieren Sie die gesammelten Gräser gut.

QUELL- UND KEIMFUTTER

Quell- und Keimfutter lässt sich, wie im Keimproben-Frischetest beschrieben, zubereiten und ist ebenfalls eine hervorragende Schonkost. Pro Vogel rechnet man etwa mit einem schwach gehäuften Teelöffel. Quellfutter ist nach dem 8–12 stündigen Einweichen schon servierfertig und hat noch keine Keimlinge gebildet, es muss nur noch einmal gründlich mit Wasser gespült werden. Lässt man es 24–36 Stunden keimen, erscheinen die ersten sichtbaren Keimlinge. Jetzt ist das Futter am wertvollsten, es sollte noch einmal mit frischem Wasser durchgespült werden, bevor Sie es anbieten. Wachsen die Keimlinge weiter, entwickeln sie bald Bitterstoffe und werden nicht mehr so gern von den Vögeln gefressen.
Keimfutter ist eine leicht verderbliche Frischware. Bei der Herstellung muss sehr auf Hygi-

Schmeckt gut, tut gut: Keim- und Kochfutter.

ene geachtet werden, da es sonst rasch schimmelt. Es darf nicht muffig riechen, sondern nussig frisch. Wer unsicher ist, bietet lieber nur Quellfutter an. Zudem sollte es den Sittichen nur über 3-4 Stunden angeboten werden, da es an warmen Tagen schnell verdirbt und sauer wird. Herkömmliche Futtermischungen enthalten oft geschälten Hafer oder Leinsamen, der nicht keimt, sondern fault. Spezialhändler für Vogelbedarf bieten Keimfuttermischungen an, die gut zum Keimen geeignet sind (z. B. Gerste, Mungobohnen, Dari, Kardi). Einzelsaaten wie Weizen erhält man auch im gut sortierten Supermarkt, er ist als Quell- und Keimfutter bestens geeignet und Wellis lieben ihn ganz besonders.
Dem Keimfutter kann man zudem hervorragend Futterzusätze (S. 112) in Pulverform zufügen, sie haften an dem feuchten Futter besser als auf trockenen Körnern.

KOCHFUTTER

Das Menü der Wellis lässt sich auch mit Kochfutter erweitern. Gekochter Reis und gekochte Kartoffeln (ungesalzen) sind eine leicht verdauliche Schonkost. Man kann auch gekochtes Gemüse und duftende Kräuter hinzufügen.

MAGENSTEINCHEN UND MINERALSTOFFE

Kalzium ist weder in reifen Körnern noch in Gemüse oder Früchten ausreichend vorhanden, deshalb brauchen Wellensittiche einen Kalkstein, oder besser noch einen Mineralstein, der zudem weitere anorganische Nährstoffe enthält. Um die Körner im Muskelmagen zermahlen zu können, müssen die Sittiche zusätzlich kleine Steinchen aufnehmen. Diese kann man in Form von Vogelsand, losem Grit oder als Gritstein anbieten.

Wertvoll: Frisch gepflückte Gräser wie Knaulgras sind nicht nur gesund, sie schmecken hervorragend.

Täglich frisch serviert, das Wasser. Ein Bad tut während der Mauser besonders gut.

SINNVOLLE FUTTERZUSÄTZE

Glücklich können sich die Halter schätzen, deren Vögel echte Grünschnäbel sind und ihr Grünzeug lieben. Denn Gemüse und Obst gewährleisten eine wertvolle Vitaminversorgung. Aber auch wahre Grünzeugverweigerer sind oft leichter für Frischkost wie Quell- und Keimfutter, Wildgräser und halbreife Hirse zu begeistern und erhalten dadurch wichtige Nährstoffe. Dennoch kann es zu Mangelerscheinungen kommen. Wenn nur reife Saaten, Gemüse und Früchte verfüttert werden, entsteht eine Unterversorgung an Mineralien und an essenziellen Aminosäuren. Hochwertige Futterzusätze wie z. B. Korvimin, Avi-Concept oder Laktobazillen (z. B. PT-12) zur Immunsystemstärkung sind in Internetshops und beim Tierarzt erhältlich.

FUTTER IN DER MAUSER

Während der Mauser befinden sich die Vögel im Leistungsstoffwechsel und benötigen eine nährstoffreiche und abgestimmte Ernährung. Vor allem geschwächte und ältere Tiere kommen so leichter durch den Gefiederwechsel. Kieselsäure, schwefelhaltige Aminosäuren, Mineralstoffe und Vitamine unterstützen die Federbildung. Sie sind vor allem in Salatgurke, Vogelmiere, Schachtelhalm, Spitzwegerich, Stangensellerie, Karotten, Fenchel, Mangold, Hirse (reif und halbreif), Quell- und Keimfutter, Wildgräsern, Weizen und Hafer zu finden. Auch Futterzusätze können beigegeben werden, die alle wichtigen Substanzen enthalten, damit es erst gar nicht zu Mauserstörungen kommen kann. Zudem genießen es viele Sittiche, in der Mauserzeit zu baden, deshalb sollte der Welli-Pool nicht fehlen.

TEA TIME – DER EINSATZ VON TEES

Mit dem Angebot von Tees kann man den Vögeln wertvolle Nährstoffe zuführen, die viele gesundheitliche Vorteile bieten. Viele Wildvögel nutzen die heilende Wirkung bestimmter Pflanzen. Sie stärken das Immun-

system, helfen bei Atemwegserkrankungen, Verdauungsbeschwerden, Haut- und Federproblemen, Hormonstörungen oder eignen sich als Stärkungsmittel des Blutkreislaufes und der inneren Organe. Bei der Wahl der Tees beschränkt man sich besser nur auf lose Teeblätter und entkoffeinierte Tees. Um die Wellis daran zu gewöhnen, brüht man ihn anfangs verdünnt auf und steigert die Konzentration allmählich. Außerdem muss immer frisches Wasser neben dem Tee zur Verfügung stehen, damit die Teeverweigerer nicht dehydrieren. Eine optimale Auswaschung der Inhaltsstoffe wird erreicht, wenn der Tee mit heißem und nicht kochendem Wasser aufgebrüht wird und man ihn nach empfohlener Zeitangabe ziehen lässt. Sobald der Tee auf Zimmertemperatur abgekühlt ist, kann er den Vögeln gereicht werden.

Man kann das Quell-und Keimfutter im erkalteten Tee quellen lassen, dadurch überlistet man auch Vögel, die keinen Tee trinken.

— Anis (Verdauung, Verstopfung, Atemwege)
— Brennnessel (blutreinigend, blutbildend, stärkt Stoffwechsel, entgiftend, hilft bei Nierenschwäche)
— Cistus/Zistrose (sehr vielseitige und hochwirksame Heilpflanze, entgiftet, stärkt Immunsystem, Herz, Haut, natürliches Antibiotikum)
— Echte Kamille (Atemwege, hilfreich bei Kropfentzündung, Verdauung, entzündungshemmend, Nervosität, Haut)
— Fenchel (Verstopfung, Verdauung)
— Grüner Tee (vielseitige Wirkung, unterstützt z. B. Gewichtsabnahme, stärkt Immunsystem, Herz, soll krebshemmend sein)
— Hibiskus (Immunsystem, Blutkreislauf, Leber, Niere, fördert Gewichtsabnahme)
— Himbeerblätter (kalziumreich, stimuliert die Muskelkontraktion, hilfreich bei Dauereierlegern)
— Koriander (Verdauung, Appetitanreger)
— Lavendel (beruhigt Atemwege)
— Löwenzahn (stärkt Stoffwechsel, stimmungsaufhellend, Verdauung, Leber, unterstützt Gewichtsabnahme)
— Ringelblume (Haut, Verdauung, entzündungshemmend, antibakteriell)
— Rooibos/Rotbusch (Verdauung, krampflösend, entzündungshemmend, stimmungsaufhellend)
— Rosenblätter, Hagebutten (Immunsystem, Blutkreislauf, Leber, Niere)
— Rotklee (Atemwege, entzündungshemmend, Haut, hormonspiegelregulierend)
— Schachtelhalm (Mauser, Tee mind. 20 Min. kochen, damit sich die Kieselsäure herauslöst)
— Spitzwegerich (Mauser, Atemwege, Haut)
— Teufelskralle (leicht schmerzlindernd, soll bei Arthrose und Rheuma helfen, Appetitanreger)
— Thymian (antibakteriell und pilzhemmend, deshalb sehr häufig bei Megabakterien empfohlen)

Nie mehr Langeweile für Wellis

So wie in der Natur die größte Herausforderung für die Vögel darin besteht, ausreichend Nahrung zu finden, sich vor Feinden zu schützen und in ihrem Lebensraum zu bestehen, ist in der Vogelhaltung Eintönigkeit und Langeweile der größte Feind.

007

Zum Film: Spielplatz basteln

Während die Sittiche im Freiland viele ihrer Fähigkeiten nutzen und beherrschen müssen, um ihr Überleben zu sichern, leiden Hauswellensittiche oft an Unterforderung. Hier ist der Vogelhalter gefragt, sich regelmäßig angemessene Beschäftigungsmöglichkeiten einfallen zu lassen, damit die Tiere ihre Fähigkeiten spielerisch ausüben und weiterentwickeln können, und ihnen somit einen erlebnisreichen und ausgefüllten Tag zu bieten. Behavioural Enrichment bedeutet Lebensraumanreicherung und wird weltweit erfolgreich in Zoos zur Förderung aktiver Verhaltensweisen der Tiere angewandt. Ein Bestandteil davon ist das Foraging (die Futtersuche). Wellensittiche fliegen in unseren

Äste, Seile, Klettermöglichkeiten – Freiflug in einem stimulierenden Umfeld.

Häusern auf der Suche nach Futter umher und finden – außer wie eh und je in den Näpfen – nichts, das ist entmutigend. Viel befriedigender ist es, die Umgebung zu erkunden und hier und da ein paar Körner oder ein Leckerchen zu entdecken, das motiviert und liefert Erfolgserlebnisse. Einen kleinen Teil des Futters kann man einfach im Vogelzimmer verteilen, so müssen die Tiere erst auf die Suche gehen, um die Nahrung aufzuspüren.

SPIELE-PARADIES

Das Angebot für Vogelbedarf ist in spezialisierten Internetshops und in einigen Zoofachhandlungen (hier lohnt auch ein Blick in die Nagerabteilung) überaus reichhaltig. Dort findet man: Freisitze wie Schaukeln, Spiralen und Ringe aus Baumwolle und Sisal, Hängebrücken, Schredderspielzeuge, Spielzeuge aus Leder, Palmblätter, Kokosnüsse, Weidenkugeln, Weidentunnel, Kletternetze, Stell-Spielplätze. Gegenstände aus weichem Balsaholz oder Bird Kabob, das sich leicht zernagen lässt und den Vögeln schnelle Erfolgserlebnisse garantiert. Was unbedingt nicht fehlen sollte, ist Kork, als Röhre, große Stücke oder Korkäste. Es gehört meist zm Lieblingsspielzeug der Wellis, insbesondere Weibchen können sich stundenlang damit beschäftigen.

Freisitze in Wellensittichgröße sind häufig etwas klein bemessen, Modelle in Papageiengröße sind oft die bessere Alternative.

KLEINE MATERIALKUNDE

Bei der Auswahl achtet man auf natürliche Materialien, naturbelassene Hölzer, nicht fasernde Seile und Metallteile aus Edelstahl, sie sind verzinkten vorzuziehen. Farbige Holzteile dürfen nur mit Frucht- bzw. Lebensmittelfarbe eingefärbt sein.
Geeignete Materialien: Seile aus Sisal, Baumwolle, Kokos, Jute, Hanf, ungiftige, ungespritzte Naturäste, Heu oder Stroh, Leder (pflanzlich gegerbt), Kokosnüsse, Walnussschalen, Papprollen, Papierschnipsel.
Zum Befestigen eignen sich Kabelbinder, Paket- und Bastschnur. Jedes Spielzeug kann Gefahren bergen, schnell kann ein Wellensittich mit den Krallen hängebleiben oder sich darin verheddern. Spielzeuge deshalb regelmäßig überprüfen und Zotteln, lose Fäden und Schlaufen abschneiden.

Gut: Spielzeuge aus natürlichen Materialien.

Hausputz: Alles muss raus.

01

02

01 Es ist angerichtet: Spiel- und Knabberspaß.

02 Eine traumhafte Picklandschaft lädt zum Laufen, Wühlen, Scharren, Picken, Suchen und Entdecken ein.

03 Wellensittiche wollen nicht nur auf Ästen sitzen, sondern auch auf dem Boden laufen.

04 Landet ein Welli auf dem Boden, gesellen sich meist gleich weitere Artgenossen dazu.

05 Statten Sie die Pickbox regelmäßig neu aus, verwenden Sie verschiedene Einstreuarten und Spielgegenstände, so bleibt die Kiste immer interessant und spannend.

05

Die Pickbox
— Bodenarbeit für Wellis

03

04

Eine Bodenfläche, wie eine Pickbox, kommt dem natürlichen Verhalten der Wellensittiche sehr entgegen, da sie ihre Nahrung auf der Erde suchen. Dazu wird eine flache Holzkiste mit Buchenholzgranulat, Heubüscheln, Gras, Sand oder Vogelerde gefüllt. Darunter mischt man getrocknete Kräuter, Blüten, Körnerfutter oder kleine Stücke Kolbenhirse. Auch kleine Gegenstände und Spielzeuge, wie Weidenbällchen, Stöckchen, Tannenzapfen oder Holzklötzchen sind interessant und werden gern untersucht.

Dass die Piepmätze häufig erst einmal skeptisch oder gar ängstlich auf neue Spielplätze reagieren, ist nicht ungewöhnlich und sollte den Halter auf keinen Fall entmutigen oder gar davon abbringen, es erneut zu versuchen, neue Gegenstände in ihren Lebensraum einzubringen. Denn Spielsachen und Freisitze werden oft falsch ausgewählt, besitzen nicht die richtige Größe und werden zu wenig oder gar nicht ausgetauscht.

Vielleicht befindet sich das Spielzeug oder der Freisitz an der falschen Stelle, ist zu niedrig oder zu hoch aufgehängt? Versuchen Sie, die Vorlieben Ihrer Tiere herauszufinden und mit Veränderungen zu locken. Denn ansonsten riskiert man, dass sie immer weniger aufgeschlossen und flexibel auf ihre Umwelt reagieren.

Welli-Dusche bauen
— Badespaß für den ganzen Schwarm

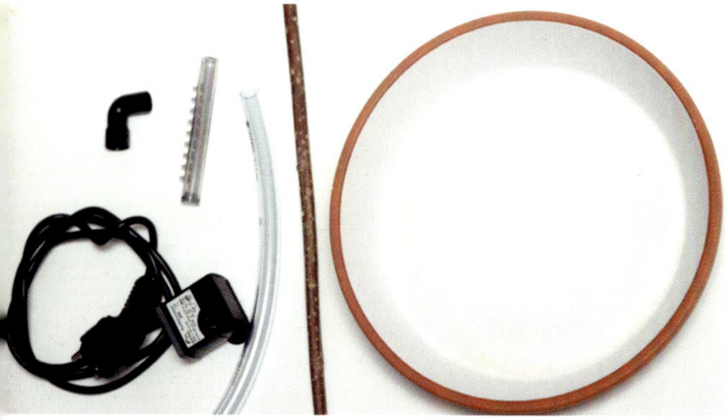

01

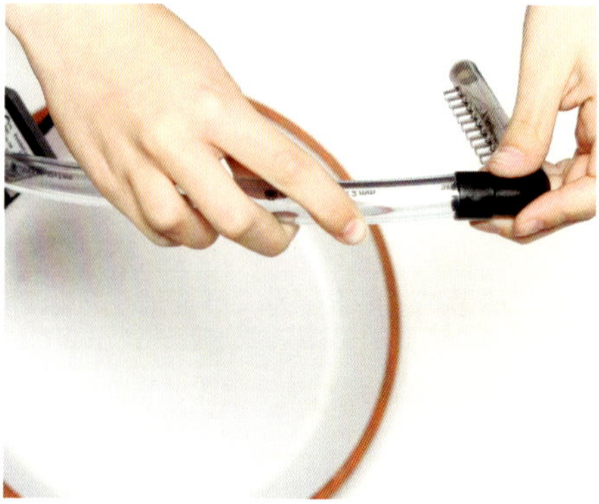

02

BENÖTIGT WERDEN:

- **Eine flache Zimmerbrunnenpumpe** gibt es im Fachhandel ab 10 Euro. Die Ausrüstung für den „Duschkopf" findet man im Aquarienbau.
- **Ein Schlauch** Erhältlich im Aquaristikbedarf oder Gartencenter. Er muss auf die Pumpe passen. Den Schlauch auf die gewünschte Länge zuschneiden. Ideal sind zwei oder mehrere Schläuche als Ersatzteile. Zudem hat man immer einen trockenen Schlauch zum Wechseln zur Verfügung. Ohne Duschkopf kann alternativ einfach auch ein ca. 10 cm langes Schlauchstück auf die Pumpe gesteckt werden.
- **Eine Tonschale oder flache Auflaufform** Die Ansaugung der Pumpe muss unter Wasser stehen. Die Wasserhöhe sollte jedoch maximal 4 Zentimeter betragen, damit die Wellis bequem darin laufen können.
- **Ast und Kabelbinder** Mit Kabelbinder wird der Schlauch am Ast befestigt.

008
Zum Film: Badespaß für Wellis

EINFACH ZUSAMMENGEBAUT:

Den Schlauch auf die Pumpe stecken, oben den Duschkopf befestigen. Vorher alles einmal kräftig mit Essigwasser spülen! Pumpe in die Form stellen. Schlauch und Duschkopf werden mit Kabelbinder an einen Stock gebunden, damit alles stabil steht. Handwarmes Wasser einfüllen und für die perfekte Pool-Party die Schale noch mit Grünzeug wie Karottengrün oder Salatblättern bestücken. Den Pool nach jedem Baden leeren, mit Essigwasser reinigen und alles durchtrocknen lassen.

01 Sie benötigen eine Pumpe, einen Schlauch, einen Ast, Kabelbinder und eine Auflaufform.

02 Der Schlauch wird auf die Pumpe gesteckt, am anderen Ende wird der Duschkopf befestigt.

03 Durch Ast und Kabelbinder bekommt der Schlauch Stabilität.

04 Stellen Sie die Pumpe in die Auflaufform und füllen Sie sie mit Wasser.

05 Noch etwas Grünzeug und fertig ist die Wellidusche.

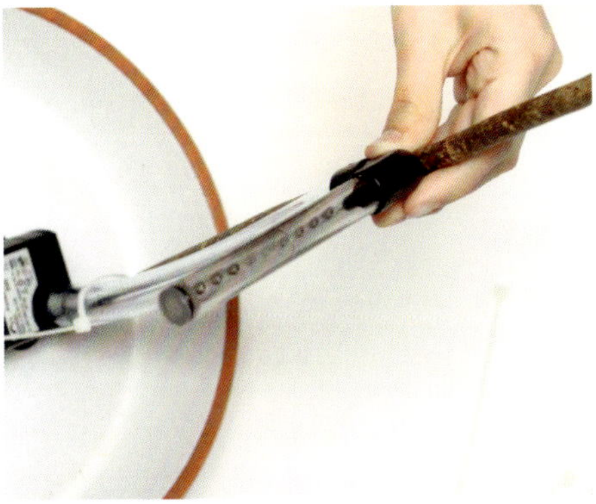

03

04

05

Gesundheit

Die beste Vorsorge für die Gesunderhaltung unserer Tiere ist sicherlich eine artgerechte Ernährung und Unterbringung. Dennoch kommt es vor, dass Wellensittiche erkranken und von einer Vielzahl mehr oder minder schwerer Krankheiten betroffen sein können.

EINGANGSCHECK

Auch wenn ein neu erworbener Vogel äußerlich gesund und fit aussieht, kann er Krankheitskeime oder Parasiten in sich tragen, mit denen der bestehende Schwarm angesteckt werden könnte. Selbst wenn die Krankheitserreger beim Neuzugang nie zum Ausbruch kommen, besteht die Gefahr, dass immunschwächere Tiere sich infizieren und erkranken. Einen Neuankömmling lässt man am besten beim Tierarzt gründlich durchchecken. Idealerweise hat man den Kot des Tieres über drei Tage lang gesammelt – in verschließbarem Röhrchen im Kühlschrank lagern – und bringt den noch feuchten Sammelkot mit und setzt den Vogel, bis die Ergebnisse z. B. von Kot- und Kropfabstrich aus dem Labor vorliegen, in Quarantäne.

009

Zum Film: Krankheiten erkennen

KRANKHEITEN ERKENNEN

Wellensittiche sind Weltmeister darin, Krankheiten zu verbergen, so lange es geht. Dieses Verhalten hat durchaus seinen Sinn, denn in freier Natur zieht ein kranker Vogel Fressfeinde an und gefährdet dadurch auch andere Schwarmmitglieder. Zudem begünstigt der außerordentlich intensive Stoffwechsel des Tieres einen schnellen Krankheitsverlauf, sodass auch eine leichte Erkrankung, die nicht behandelt wird, zügig einen drastischen

Vögel verbergen ihre Krankheiten lang.

ALARMZEICHEN FÜR EINE ERKRANKUNG

- Der Vogel sitzt aufgeplustert und/oder gekrümmt/breitbeinig da (Gefieder sieht in der Silhouette gesträubt und kantig aus: Rücken-Schwanz-Linie ist gebrochen), das Plustern dient der Wärmeregulation, da kranke Vögel oft frieren. Im Anfangsstadium einer Krankheit ist leichtes Aufstellen des Kopf- und Nackengefieders sichtbar.
- Dünnflüssiger, farblich veränderter oder übelriechender Kot, der Kot enthält unverdaute Körner, kotverschmierte Kloakenregion.
- Der Vogel wirkt teilnahmslos, apathisch und/oder schläft viel, frisst weniger als sonst.
- Würgen/Erbrechen (unverdaute Körnchen/Schleim werden aus Kropf/Magen hochgewürgt und ausgeschleudert)
- Schwanzwippen
- Die Augen sind glanzlos, oft leicht oder bei schwerer Krankheit ganz geschlossen.
- Zeigt ein verändertes oder ungewöhnliches Verhalten als sonst üblich (zwitschert nicht mehr, zieht den Fuß beim Schlafen nicht mehr ein, zeigt kein Interesse am Partner, frisst weniger, lässt Leckerchen links liegen, plötzliche Zahmheit).
- Bewegungsstörungen und unnatürliche Körperhaltung wie Flügelhängen, Kopfverdrehen
- Hörbare Atemgeräusche oder er schnappt nach Luft.
- Häufiges Niesen oder Nasenausfluss
- Verklebtes Kopf- und Nasengefieder
- Er zittert, taumelt oder hat Krämpfe.
- Äußere, sichtbare Verletzungen
- Umfangsvermehrungen am Körper
- Der Vogel sitzt kauernd auf dem Boden, da er zu schwach ist, sich auf der Stange zu halten.

Verlauf nehmen kann. Daher ist es wichtig, bei den ersten Krankheitsanzeichen schnellstmöglich einen Tierarzt aufzusuchen.
Die sprichwörtliche Symptomarmut eines Sittichs sollte den Halter nicht darüber hinwegtäuschen, auch kleinste Auffälligkeiten als mögliches Signal einer beginnenden, ernsthaften Erkrankung wahrzunehmen. Je besser man seine Tiere kennt, desto einfacher ist es, rasch Veränderungen und erste Krankheitsanzeichen zu erkennen.
Dazu gehört, das Verhalten und den Gesundheitszustand jedes seiner Tiere täglich aufmerksam und sorgfältig in Augenschein zu nehmen. Weicht ein Tier von seinem üblichen Verhalten ab oder zeigt es äußerliche Veränderungen (Gefiederstellung, Körperhaltung), sollten Sie Ihren Schützling sehr genau ins Visier nehmen, es könnten Anzeichen einer Erkrankung sein.
Zeigt ein Vogel deutliche Krankheitssymptome wie starkes Gefiederplustern und Teilnahmslosigkeit, ist die Krankheit häufig weit fortgeschritten und meist schon als Notfall einzustufen. Es ist Eile geboten, einen Tierarzt aufzusuchen!

BEHANDLUNGSSTRESS?

Manche Vogelbesitzer scheuen den Gang zum Tierarzt, weil sie besorgt sind, dass ihr gefiederter Freund durch das Einfangen und den Transport zu hohem Stress ausgesetzt ist. Ein Arztbesuch ist sicherlich unangenehm und aufreibend für den kleinen Patienten. Allerdings ist eine unbehandelte und voranschreitende Erkrankung eine ungleich höhere Belastung für ihn und mit deutlich mehr Stress für den Vogelkörper verbunden, bei dem er zunehmend an Kraft verliert. Zudem wird kaum ein Sittich von allein wieder gesund, deshalb sollte man nicht zögern und seinem Schützling schnellstmöglich die Hilfe eines Tiermediziners zukommen lassen.

Partnertier mitnehmen, mit dem Kumpel an der Seite ist die Aufregung kleiner.

DER VOGELKUNDIGE TIERARZT

Mit einem Knochenbruch würden wir wohl kaum zum Zahnarzt gehen oder mit Ohrenschmerzen einen Orthopäden aufsuchen, da uns bewusst ist, dass es nicht der richtige Spezialist wäre, und würden selbstverständlich den entsprechenden Facharzt wählen. Nicht anders verhält es sich, wenn unsere Wellensittiche ärztliche Hilfe brauchen.

Ein Tierarzt ohne Spezialisierung auf Ziervögel verfügt nicht über ausreichende Kenntnisse und Fertigkeiten in der Vogelmedizin, entsprechend lückenhaft ist das Fachwissen über Untersuchungs- und Behandlungsmethoden. Eine normale Kleintierpraxis ist in aller Regel auf die Behandlung von Hunden und Katzen spezialisiert, jedoch nicht auf Vögel. Leider überschätzen manche ihre Fähigkeiten, und man hat nicht immer das Glück, auf einen Tierarzt zu treffen, der auf einen Spezialisten verweist. Viele sind nicht in der Lage, eine zielgerichtete und korrekte Diagnose zu erstellen und eine entsprechende Therapie einzuleiten. Oft hapert es schon an

In den richtigen Händen: Ein vogelkundiger Tierarzt weiß, wie er die Vögel handeln muss.

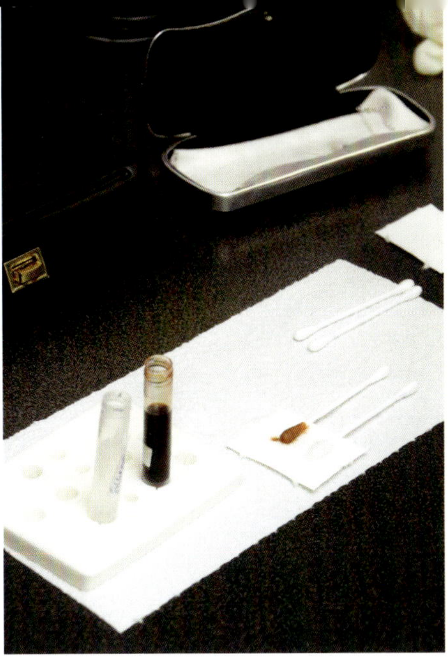

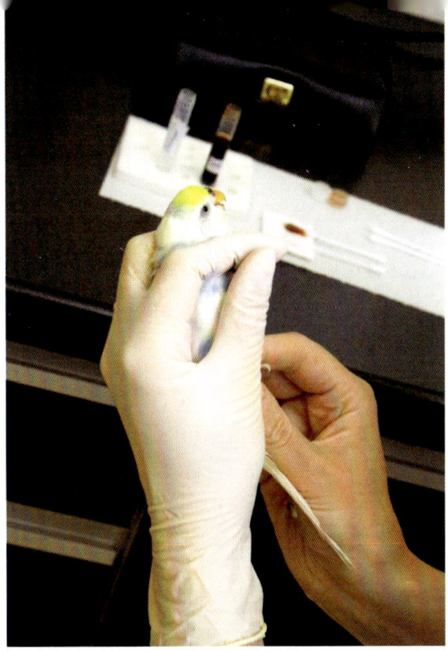

Für eine Diagnose braucht es oft Laboruntersuchungen, wie Kot- und Kropfabstrich und Bluttest.

praktischen Fertigkeiten wie dem Fixieren, einer Blutprobenentnahme oder dem Röntgen, von einer Behandlung ganz abgesehen.
Der Wellensittich bezahlt dies nicht selten mit seinem Leben, weil nicht die richtigen Maßnahmen ergriffen werden, wertvolle Zeit verloren geht und selbst allgemeine Untersuchungsmethoden nicht bekannt sind. Sicherlich kann ein nicht vogelkundiger Tierarzt auch bei kleinen Verletzungen oder einer einfachen, bekannten Krankheit helfen. Doch ist das nicht der Fall, sollte man einen Vogelspezialisten aufsuchen. Dadurch lassen sich leidvolle Erfahrungen vermeiden, die zahlreiche Vogelhalter immer wieder durchleben mussten, weil sie die Wichtigkeit eines Spezialisten unterschätzt haben.
Leider sind auf Ziervögel spezialisierte Praxen und Kliniken eher selten, sodass Vogelbesitzer oft weite Wege in Kauf nehmen müssen, um kompetente Hilfe zu bekommen. Deshalb sollte man unbedingt schon vor der Anschaffung der Wellensittiche nach einem vogelkundigen Tierarzt in seiner Region Ausschau halten. Falls ein weiter Anfahrtsweg besteht, sollte man sich fragen, ob man bereit ist, diesen auf sich zu nehmen, und gegebenenfalls in dieser Hinsicht den Vogelerwerb nochmal überdenken. Sind die Sittiche dann eingezogen, erspart es im Notfall wertvolle Zeit, bereits die Adresse eines Vogelspezialisten parat zu haben. Einige Vogelforen führen Listen von Fachtierärzten und Kliniken für Ziervögel (z.B. vwfd-forum.de unter der Rubrik Krankheiten). Zudem sollte man sich als Vogelhalter weiterbilden, Foren können eine Möglichkeit sein, Wissen, Erfahrungen und Tipps auszutauschen.

FILOU, DER HELFER

Gewöhnlich werden kranke Sittiche von ihren Genossen lebensbedrohlich attackiert, da ein schwaches Tier als leichte Beute Fressfeinde anzieht und sich in der Nähe befindende Vögel auch in Gefahr bringt. Vögel in Menschenobhut zeigen dieses angeborene Schutzverhalten zum Glück nicht immer. Der kleine Filou in meiner Vogelgruppe hat offenbar eine mitfühlende Seite: Kranken Artgenossen wendet er sich liebevoll zu und füttert sie fürsorglich, selbst Schwarmkollegen, mit denen er sich vorher kaum abgegeben hat.
Auch wenn er sich dabei recken und auf die Zehenspitzen stellen muss, um an den Hilfsbedürftigen im Krankenkäfig heranzukommen. Er lässt es sich nicht nehmen, einem Schwarmkumpel in Not persönlich beizustehen.

HÄUFIGE ERKRANKUNGEN

Krankheiten, die häufig bei Wellensittichen auftreten, sind Tumore, Leberstörungen und Magen-Darm-Probleme durch Megabakterien sowie etliche andere Erkrankungen. Die Sittiche scheinen dabei im Alter von 4–6 Jahren besonders oft Tumore zu entwickeln. Es wird vermutet, dass dies eine genetisch bedingte Veranlagung ist, sicher geklärt ist das jedoch nicht. Vielfach sind es Nieren-, Leber- und Hodentumore, aber auch andere Tumore, die nahezu am gesamten Körper auftreten können, sind bekannt. Leberstörungen sind nicht selten eine Folge von Haltungs- und Ernährungsfehlern. Zu wenig Bewegung und Übergewicht führen zu einer Fettleber, von denen Wellensittiche vermehrt betroffen sind, die sich oft in Gefiederveränderungen widerspiegeln und eine Reihe weiterer Gesundheitsprobleme verursachen.

Tumore und Lipome Ein Nierentumor äußert sich oft darin, dass der Urinanteil im Kot sich erhöht, sehr flüssig ist und eine meist einseitige Lahmheit auftritt, was aber nicht ausschließlich ein Hinweis auf einen Tumor sein muss. Aufgrund der hormonellen Veränderung durch einen Hodentumor kann sich die Wachshaut des Männchens von Blau auf Braun umfärben und zudem eine Lahmheit in einem oder beiden Beinen auslösen. Neben Leberstörungen kann ein Lebertumor sich in verstärktem Schnabel- und Krallenwachstum niederschlagen. Große Tumore können zu Atemnot führen, da sie Luftsäcke und Lunge einengen. Viele Tumore sind nur begrenzt oder nicht behandelbar, einige lassen sich jedoch operativ entfernen. Lipome sind gutartige Tumore der Fettgewebszellen, die teilweise mit großen Umfangsvermehrungen vorwiegend im Brust- und Bauchbereich der Sittiche auftreten. Diese Fettgeschwulste bestehen aus weichen und elastischen, gelblichen Fettgewebseinlagerungen, die eher langsam wachsen, im Gegensatz zu anderen Tumoren, die sich hart anfühlen und meist rasant wachsen.

Knochenbrüche sollten innerhalb von 24 Stunden durch einen Tierarzt behandelt werden, da sich schnell neues Knochengewebe bildet und der Knochen gegebenenfalls in falscher Position zusammenwachsen würde, was zu einer Fehlstellung führen kann.

Ausgekugelte Gelenke/Luxation Stößt ein Vogel beim Fliegen mit dem Flügel gegen ein Hindernis, kann er sich die Schulter auskugeln. Auch hier ist eine zügige Tierarztbehandlung geboten, die die Heilungschancen erhöhen oder Spätfolgen abmildern kann.

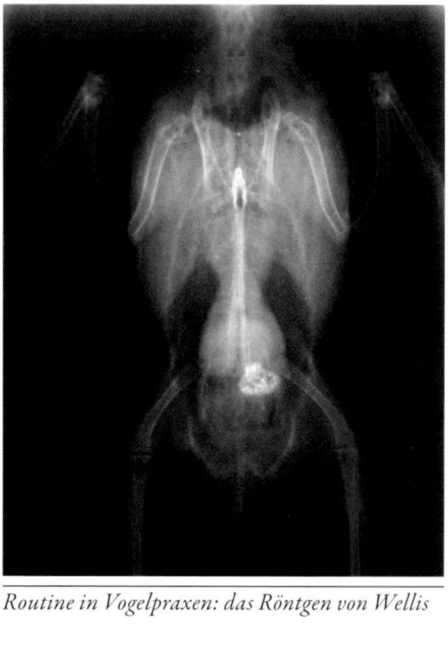

Routine in Vogelpraxen: das Röntgen von Wellis

Flugunfähig durch Flügelverletzung: Schredderqueen Jewel lebt dennoch glücklich im Schwarm.

Legenot und Kloaken- oder Legedarmvorfall Manchen Hennen bleibt das Ei im Legedarm stecken und sie sind nicht in der Lage, es aus eigener Kraft durch starkes Pressen zu legen. Solch ein Tier braucht schnellstmöglich tierärztliche Hilfe, da es sonst innerhalb von 12 Stunden einen überaus qualvollen Tod erleidet. Insbesondere wenn aufgrund der Legenot kein Kot mehr abgesetzt werden kann, ist Eile geboten. Bieten Sie Rotlicht an und geben Sie Paraffin- oder Speiseöl als Gleitmittel in die Kloake. Bei einem Kloaken- oder Legedarmvorfall hängt die dunkelrote Legedarmschleimhaut aus der Kloake heraus, in der oft ein Ei eingeschlossen ist (mit Bepanthen Wundsalbe abdecken, da die Schleimhaut schnell austrocknet und abstirbt). Eine Sittichdame hat dabei unermesslich große Schmerzen und gehört schnellstens zum Tierarzt, der mit einer Operation das Ei entfernt und die nach außen gestülpte Schleimhaut in den Körper zurücksetzt; brütige Weibchen fallen mit sichtlich großen Kotballen (Brutkot) auf.

Arthrose entwickeln vor allem übergewichtige Vögel. Tiere, die von diesem übermäßigen Gelenkverschleiß in den Beinen betroffen sind, legen sich gern bäuchlings hin. Sind Gelenke im Flügel oder das Schultergelenk betroffen, wird der Sittich das Fliegen weitgehend einstellen, um schmerzhafte Bewegungen zu vermeiden. Hilfe zur Entlastung der Zehengelenke bieten mit Küchenpapier gepolsterte Sitzbrettchen, die auf Höhe der oberen Sitzstangen angebracht werden und Leitern für Flugunfähige. Eine Heilung ist nicht möglich, jedoch helfen schmerzlindernde Präparate und Therapieansätze, um den Verlauf abzuschwächen.

Gicht gehört zu den Stoffwechselerkrankungen, bei der die im Körper gebildete Harnsäure nicht mehr vollständig über die Nieren ausgeschieden werden kann, sich im Blut anreichert und in Folge Harnsäurekristalle bilden, die sich in Gelenken und im Gewebe ablagern.

Hyperkeratose ist eine übermäßig stark ausgeprägte Krustenbildung auf der Wachshaut, von der überwiegend Hennen betroffen sind. Meist ist sie harmlos, da sie in vielen Fällen von allein abfällt. Man sollte darauf achten, dass die Nasenlöcher frei bleiben. Dass Wellensittich-Weibchen in Brutstimmung eine braune, krustige Nasenhaut bilden, ist hormonell bedingt und völlig normal. Eine extreme Hornbildung hängt aber vermutlich mit einem Nährstoffmangel zusammen und die Tiere leiden zudem meist an trockener schuppiger Haut an Beinen und Füßen.

Kropfentzündung Verschiedene Ursachen: Infektion durch Bakterien oder Pilze, Megabakterien, Trichomonaden; Erbrechen, Würgen, mitunter reduzierte Futteraufnahme und Gewichtsabnahme sind typisch.

Leberstörungen sind bei Wellensittichen häufig zu finden, da die Leber eine bedeutende Stellung beim Stoffwechselprozess einnimmt. Leberkrankheiten sind oft nicht leicht zu diagnostizieren, werden meist spät erkannt und können vielfältige Ursachen haben: Lebertumore, Fettleber bei Ad-libitum-Fütterung (keine rationierte Fütterung, die Tiere fressen nach Belieben). Mangel- und Fehlernährung führen zu Leberschäden, die sich häufig auch in Gefiederveränderungen (mattes Gefieder, dunkle Verfärbungen) zeigen. Leberfunktionsstörungen äußern sich zudem oft in übermäßig starkem Schnabelwachstum, Verfärbungen und Deformierungen des Schnabelhorns und der Krallen, sowie Durchfall, vermehrtem Trinken (Polydipsie) und Gelbfärbung des Urinanteils. Ist die Krankheit fortgeschritten, wird der Körper nicht mehr ausreichend entgiftet und das zentrale Nervensystem zunehmend geschädigt.

INFEKTIONS-KRANKHEITEN

Megabakterien/Going-Light-Syndrom ist ein Hefepilz (Macrorhabdus ornithogaster), der sich im Drüsenmagen ansiedelt und zur Schleimhautentzündung mit entsprechenden Verdauungsstörungen führt. Wellensittiche sind häufig infiziert, die Schwere der Krankheit kann sehr unterschiedlich sein und schubweise verlaufen. Bricht die Erkrankung akut aus, ist eine rechtzeitige Behandlung mit Antimykotika oft lebensrettend. Nicht bei jedem Träger kommt die Krankheit zum Ausbruch. Auf eine möglichst zuckerfreie Ernährung achten, da Zucker den Pilz nährt.

Eigenheit oder Gelenkserkrankung? Manche Wellis schlafen im Liegen.

PBFD/Psittacine Beak and Feather Disease
PBFD, auch als Schnabel- und Federkrankheit bekannt, ist eine weit verbreitete Befiederungsstörung, die durch den Circovirus ausgelöst wird. Vielfältige Symptome wie Wachstumsstörung und/oder Farbveränderung der Federn, mehr oder weniger Federverlust, verdrehte Federn, das Schnabelhorn kann abnorm wachsen, brüchig, verfärbt oder deformiert sein, das Immunsystem ist geschwächt. Es gibt unterschiedliche Verlaufsformen der Erkrankung: Infizierte Nestlinge, bei denen die Erkrankung ausbricht, sterben sehr rasch, chronischer, meist sich verschlechternder Verlauf bei heranwachsenden Vögeln. Manche Tiere sind lebenslang nur Virenträger oder der Ausbruch erfolgt erst nach Monaten oder Jahren. Adulte Wellensittiche können das Virus symptomfrei in sich tragen. Eine Übertragung erfolgt durch Gefiederstaub, Kot und Kropfsekrete.

Französische Mauser verursacht den Verlust von Schwung- und Schwanzfedern, mehr oder minder das Ausfallen des Großgefieders. Der Federverlust kann sich in manchen Fällen mit der Mauser abmildern. Sie wird häufig als Rennerkrankheit bezeichnet, da viele Tiere ihre Flugfähigkeit verlieren. Eine Infizierung findet durch Polyoma-Viren statt, der Übertragungsweg ist nicht ganz geklärt. Es wird vermutet, dass erwachsene Tiere sich selten oder gar nicht anstecken, oder aber angesteckte Vögel nur Träger des Virus sind, ohne dass es je zu einem Krankheitsausbruch kommt. Wohingegen Nestlinge von Eltern, die das Virus in sich tragen, mit hoher Wahrscheinlichkeit schon im Ei angesteckt werden. Nestlinge des zweiten oder dritten Geleges erkranken häufiger, während Nestlinge des ersten Geleges noch einen ausreichenden Antikörperschutz haben. Aufbaupräparate können helfen, die Federbildung zu stärken.

Psittacose / Chlamydiose / Papageienkrankheit Die Psittakose ist eine vom Tier auf den Menschen übertragbare Krankheit, die als Zoonose bezeichnet wird und von Gesetzes wegen beim Veterinäramt meldepflichtige Tierkrankheit ist.
Die hoch ansteckende Psittacose wird durch Einatmen von verseuchtem Staub und Sekreten des Atmungstraktes durch den bakteriellen Erreger chlamydia psittaci übertragen.
Neben unspezifischen Krankheitssymptomen wie gesträubtes Gefieder, Abmagerung, Durchfall, treten häufig eine Entzündung der Bindehaut, Schnupfen und Atemnot auf und sind ein Hinweis für die Papageienkrankheit.
Beim Menschen äußert sich eine Ansteckung mit grippeähnlichen Symptomen wie Fieber, Atembeschwerden, Kopf- und Gliederschmerzen. Die Krankheit kann bei immunschwachen Patienten unbehandelt zum Tod führen.
Mit einem Bluttest kann man den Erreger beim Menschen nachweisen, bei Vögeln mittels einer frischen Kotprobe.
Kommt bei allen Vögeln (nicht nur bei Sittichen und Papageien) vor und ist mit Antibiotika für Mensch und Tier behandelbar.

PARASITEN

Räudemilbe/Knemidokoptesmilben sitzen auf der Haut, erste Anzeichen im Schnabelwinkel, später auf der Wachshaut, im Augenbereich, in Bein- und Kloakenregion möglich. Die Bohrgänge hinterlassen borkige Auflagerungen, sie können jahrelang ohne Symptome auf dem Vogel verweilen.

Rote Vogelmilbe Sie versteckt sich tagsüber in Nischen und Ritzen, sucht in der Nacht den Vogel zum Blutsaugen auf, was bei dem Sittich nächtliche Unruhe verursacht. Vögel sind am Tag wegen des Blutentzugs oft schläfrig und kratzen sich aufgrund der juckenden Einstiche vermehrt. Hochgradig befallene Sittiche können an Anämie (Blutarmut) leiden; der Parasit kann durch Naturäste (Äste nicht vom Boden sammeln) eingeschleppt werden.

Federlinge/Mallophagida ernähren sich von den Federn, nur bei massenhafter Vermehrung sind Symptome wie zerrupftes, mattes Gefieder und Fraßspuren erkennbar. Vögel leiden an Schlafmangel und Juckreiz.

Vermehrter Juckreiz? Wenn sich die Tiere häufig kratzen, kann dies auf Parasiten hinweisen.

Schützen Sie Ihre vorhandenen Vögel, indem Sie Neuzugänge beim Tierarzt durchchecken lassen.

Federmilben/Acaridida siedeln sich hauptsächlich in der Federfahne, Federspule und dem Federkiel an. In der Federspule angesiedelt kann diese verdickt sein und zudem eine Hautentzündung hervorrufen. Ein leichter Befall ist kaum auszumachen.

ENDOPARASITEN

Kokzidien und Spulwürmer treten vorwiegend bei Vögeln auf, die in Außenvolieren mit Kontakt zu Naturboden gehalten werden (Tierärzte empfehlen, zwei Mal jährlich eine Kotuntersuchung durchzuführen).

An der Wand entlang: Hauptsache, es schubbert!

Kokzidien verursachen wässrigen Durchfall (dunkler oder blutiger, übelriechender Kot), verklebtes Kloakengefieder und Abmagerung durch den Erreger Eimeria.

Spulwürmer (Askardien und Kapillarien)
Symptome: Apathie, Abmagerung, Durchfall oder fehlender Kotabsatz (Darmverschluss) bei gravierendem Befall; Übertragung durch mit Spulwurmeier verseuchten Naturboden und im ausgeschiedenen Kot infizierter Vögel.

Trichomonaden sind einzellige Geißeltierchen, die sich vor allem in der Rachen- und Kropfschleimhaut einnisten und dort gelbe Beläge bilden, sie rufen Würgen, Erbrechen und Atemprobleme hervor. Die Übertragung erfolgt durch gegenseitiges Füttern und über das Trinkwassergefäß.

Luftsackmilben siedeln sich in Luftröhre und Luftsäcken an. Vögel zwitschern zunehmend weniger, hören sich heiser an. Im weiteren Verlauf gravierende Atemprobleme, Atemgeräusche, Schwanzwippen, sowie Trockenwürgen und Kopfschütteln.

SCHONKOST

Bei Erkrankungen der oberen Verdauungsorgane ist eine leicht verdauliche Ernährung hilfreich. Halbreife Hirse ist eine hervorragende Schonkost, deshalb ist es gut für den Notfall, immer einen Vorrat im Gefrierfach zu haben. Vögel essen sie gern, im Gegensatz zu den reifen Körnern, die ihnen im Krankheitsfall oft Beschwerden verursachen. Ebenfalls gut geeignet sind Quell- und Kochfutter, halbreife Wildgräser neben vitaminreicher Frischkost.

Checkliste

VOGEL-HAUSAPOTHEKE

- ☐ Transportbox für den Tierarztbesuch
- ☐ Krankenkäfig, um ein krankes Tier separieren zu können, kranke Vögel werden manchmal von ihren Schwarmkollegen „gemobbt". Dann ist eine separate Unterbringung zum Schutz des Tieres erforderlich, bis es wieder zu Kräften kommt (ein friedlicher Partnervogel kann Gesellschaft leisten).
- ☐ Kescher zum Einfangen.
- ☐ Infrarot-Dunkelstrahler zur Wärmebehandlung, da ein kranker Vogel in vielen Fällen friert. In etwas Abstand zum Käfig aufstellen und nur eine Käfighälfte bestrahlen. Der Vogel muss der Wärme ausweichen können, wenn es ihm zu heiß wird. Nicht bei Kopfverletzungen wie Gehirnerschütterung, z. B. nach einem Kollisionsunfall, anwenden! In diesem Fall wird das Tier dunkel und kühl an einem ruhigen Ort in gepolsterter Transportbox (um weitere Verletzungen zu vermeiden) untergebracht.
- ☐ Spritzen ohne Nadeln, verschiedene Größen (ab einem Milliliter) zur Dosierung und Medikamentengabe in den Schnabel.
- ☐ Wattestäbchen, um Wunden zu reinigen oder um Salben aufzutragen.
- ☐ Heilerde bei Vergiftungen: bindet Giftstoffe im Körper; bei Durchfall (lindert lediglich Symptome und nicht die Krankheitsursache). Heilerde ist Vogelkohle vorzuziehen, da sie dem Organismus nicht die Mineralstoffe entzieht.
- ☐ Tees, z. B. Fenchel- und Kamillentee (Kamillentee auch zur Wundreinigung) bei Verdauungsbeschwerden, schwarzer Tee (nicht entkoffeiniert), um den Kreislauf anzuregen (nicht bei Kopfverletzungen!).
- ☐ Vitaminpräparate zur Unterstützung der Genesung.
- ☐ Traubenzucker, wenn in Stresssituationen der Kreislauf des Sittichs versagt (nicht bei Megabakterien anwenden).
- ☐ Blutstiller: Eisen III Chlorid (ätzt, nicht auf Schleimhäute bringen), Lotagen oder Blutstiller-Watte.
- ☐ Verbandsmaterial und Pflaster: Sterile Mullauflage, Mullbinde nach Bedarfsgröße zurechtschneiden.
- ☐ Heilsalbe, z. B. Bepanthensalbe zur Wundheilung.
- ☐ Betaisadona- oder Octeniseptlösung (brennt nicht in der Wunde) zur Desinfektion von Wunden.
- ☐ Traumeel: Homöopathische Tropfen, Tabletten (eine Tablette oder 10 Tropfen ins Trinkwasser geben) oder Salbe zur Schmerztherapie.
- ☐ Probiotika (z. B. PT-12, Bird Bene Bac) zur Immunabwehrstärkung, nach Antibiotikagabe, bei Verdauungsstörungen.

01 *Fürsorge: Einen liebevollen Partner im Krankheitsfall an der Seite zu haben, tut gut.*

02 *Vorsorge: Die regelmäßige Gewichtskontrolle.*

03 *Mit Kragen, damit er die Wunde am Füßchen nicht wieder aufbeißt.*

04 *Gut ausgestattet: Eine kleine Verletzung kann man mit einer Wundsalbe selbst behandeln.*

01

02

03

04

DAS RICHTIGE HANDLING

Wie fängt man einen Wellensittich und wie hält man ihn am besten fest? Hier erfahren Sie, worauf Sie achten müssen.

WELLIS EINFANGEN

Bevor das Tier eingefangen wird, sollten vorher alle notwendigen Utensilien griffbereit sein, so verhindert man, den Vogel unnötig lange festhalten zu müssen.

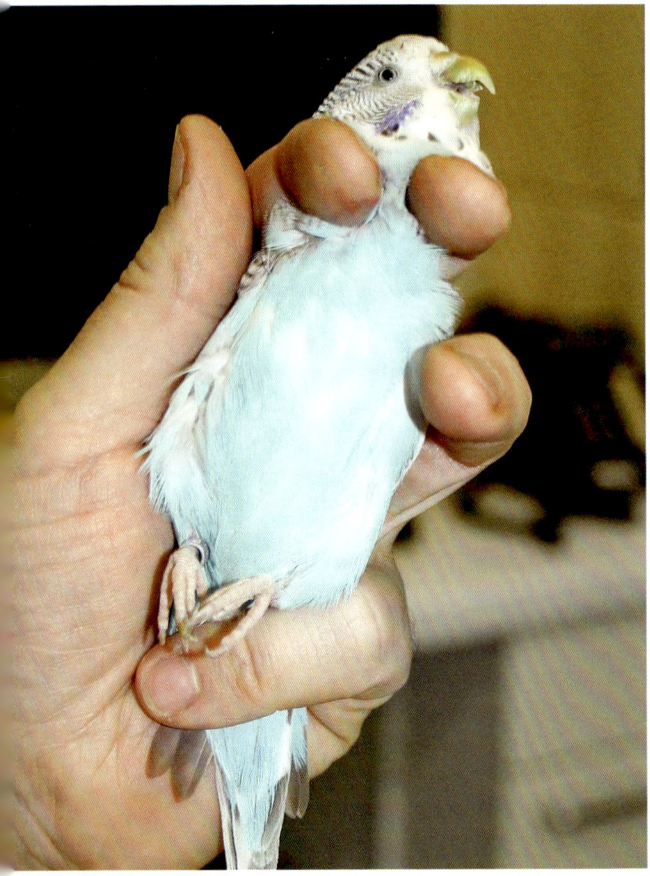

Scherengriff: Vogel liegt sicher in der Hand.

Scheue Tiere greift man am besten, wenn man zuvor das Zimmer abgedunkelt hat, denn in der Dämmerung sieht ein Vogel kaum. Eine weitere Möglichkeit ist, das Tier mit dem Kescher einzufangen, was vor allem in großen Räumen empfehlenswert ist. Wenn der Sittich auf dem Boden sitzt, kann auch ein Handtuch, das über den Vogel geworfen wird, hilfreich sein. Das Einfangen ist mit sehr viel Stress für das Tier verbunden und es sollte dem Vogel nur über wenige Minuten zugemutet werden. Notfalls legt man eine Pause ein, bevor ein erneuter Versuch gestartet wird. Die Voliere soll ein stets sicherer Rückzugsort für die Wellensittiche darstellen. Damit sie nicht mit negativen Erfahrungen verknüpft wird, fangen manche Vogelbesitzer ihre Tiere nicht aus dem Käfig heraus, sondern nur, wenn sie sich außerhalb befinden, ein.

RICHTIG FESTHALTEN

Damit der Sittich in der Atmung nicht behindert wird, darf kein Druck auf Brustkorb, Bauch und Kehle ausgeübt werden: Auch nicht auf die Augen! Greifen Sie den Vogel um den Rücken, sodass er im Handteller liegt. Halten Sie ihn möglichst aufrecht, denn das schont den Kreislauf.

Zangengriff Zeigefinger und Daumen umfassen die Wangen, die restlichen Finger umgreifen locker den Körper.

Kappengriff Daumen und Mittelfinger fixieren die Wangen, der Zeigefinger liegt auf dem Kopf. So kann der Wellensittich nicht nach oben entweichen.

Scherengriff Die Fixation erfolgt durch Zeige- und Mittelfinger im oberen Halsbereich, somit bleibt der Daumen für weitere Handgriffe frei.

Verschmutzte Kloake Manche Vögel mit Durchfall können festgetrocknete Kotansammlungen im Gefieder des Kloakenbereichs nicht mehr selbst durch Putzen entfernen. Auf keinen Fall sollte die Verschmutzung so massiv sein, dass kein Kot mehr abgesetzt werden kann. Manchmal hilft es, eine Bademöglichkeit anzubieten, um damit die Verunreinigung wieder loszuwerden, doch nicht jeder Sittich badet gern. Um verklebtes Gefieder vom Kot zu befreien, hält man am den Kloakenbereich des Sittichs einfach unter den handwarmen Strahl des Wasserhahns.

Krallen und Schnabel kürzen Normalerweise nuten sich die Krallen und der Schnabel eines Wellensittichs von alleine ab und müssen nicht geschnitten werden. Doch bei manchen Vögeln kann es zu einem verstärkten Wachstum kommen, sodass die Krallen oder der Schnabel zu lang werden. Nicht immer, aber in vielen Fällen steckt eine organische Erkrankung dahinter. Daher sollte das Tier einem Tierarzt vorgestellt werden, damit die Ursache gefunden werden kann.
Wer über anatomische Kenntnisse verfügt, kann zu lange Krallen selbst mit einer Krallenschere oder einem Nagelknipser kürzen und unebene Stellen bei Bedarf mit einer Nagelfeile glätten. Wird die Kralle jedoch zu tief abgeschnitten, werden Blutgefäße verletzt, die Zehe blutet stark und es ist zudem sehr schmerzhaft für das Tier! Laien lassen die Krallen besser von einem Tierarzt schneiden, wer es sich zutraut, kann sich das Krallenschneiden auch vom Fachmann genau zeigen lassen.
Das noch heiklere Schnabelkürzen kann bei falscher Durchführung mit irreparablen Schäden verbunden sein, wenn in die sehr schmerzempfindliche Wachstumszone geschnitten wird. Es sollte nur von Personen mit guten Sachkenntnissen und erforderlichen Fertigkeiten durchgeführt werden.

Medikamentengabe in den Schnabel
Halten Sie den Vogel möglichst aufrecht und träufeln das Medikament mit der Spritze langsam seitlich in den Schnabel, damit sich das Tier nicht verschluckt.

010
Zum Film:
Krallen
schneiden

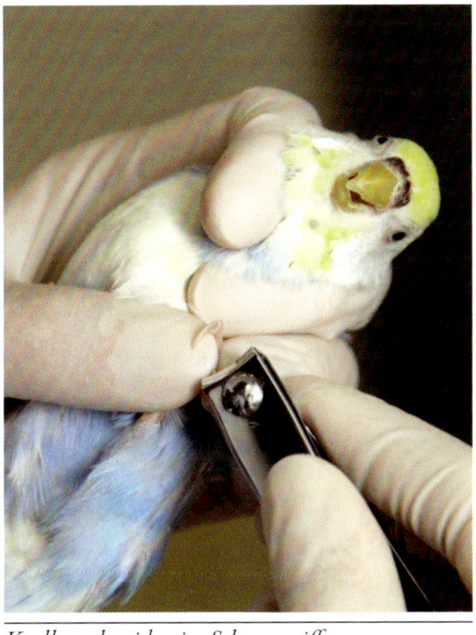
Krallen schneiden im Scherengriff.

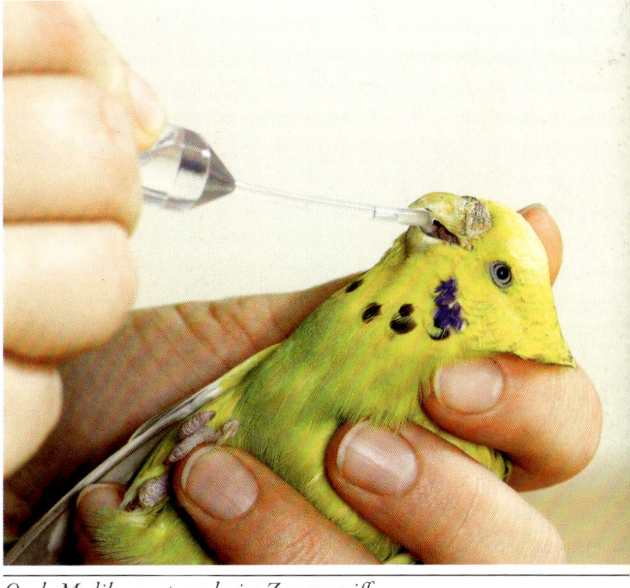
Orale Medikamentengabe im Zangengriff.

Senioren und Wellis mit Handicap

Auch Wellensittiche kommen in die Jahre, und mit zunehmendem Alter sinkt die Flugunfähigeit und Beweglichkeit, ähnlich wie beim Menschen. Erste Alterserscheinungen zeigen sich meist ab einem Alter von etwa 6 bis 8 Jahren.

Selbst wenn man ihnen ihr fortgeschrittenes Alter äußerlich kaum ansieht, verändern die Vögel ihr Verhalten. Sie werden ruhiger und legen häufiger eine Pause zum Schlafen ein. Die Wachshaut verblasst, die Mauser macht ihnen mehr zu schaffen und manche Senioren bevorzugen es, auf beiden Füßen zu ruhen oder sich bäuchlings hinzulegen. Betagtere Wellis fliegen weniger und bewegen sich vermehrt kletternd oder laufend fort, manchmal verlieren sie ihre Flugfähigkeit ganz.
Doch nicht nur Senioren können von körperlichen Einschränkungen betroffen sein. Durch einen Unfall oder eine Krankheit muss auch ein junger Vogel mit einem Handicap leben und der Halter ist plötzlich mit der veränderten Situation konfrontiert. In freier Natur hätte ein behindertes oder alterndes schwaches Tier keine große Überlebenschance. In Menschenobhut sieht die Sache jedoch anders aus, hier können die Tiere durchaus noch eine lebenswerte Zeit genießen. Allerdings muss der Lebensraum für „Opi und Omi", oder die „verunglückte Susi" passend umgestaltet werden, damit sie Futter, Wasser und Schlafplätze auch zu Fuß erreichen können. Sollte der Partner eines Seniorenpärchens sterben, braucht der verwitwete Sittich rasch einen neuen Lebensgefährten. Den traurigen Verlust verkraftet er am besten in neuer Gesellschaft, denn er möchte seinen Lebensabend nicht in Einsamkeit verbringen.

BARRIEREFREI WOHNEN

Je nach körperlicher Einschränkung kann man mit ein wenig Geschick und Ideen den Vogelbereich für gehandicapte Ziervögel behindertengerecht umbauen, sodass ein kleiner Fußgänger zu seinen Artgenossen klettern kann. Zusätzlich angebrachte Äste, Seile,

Liegebrettchen entlasten die Gelenke.

Leitern und Holzbrücken schaffen Verbindungen und erweitern den Lebensraum. Korkplattformen und Sitzbrettchen, die bei Bedarf gepolstert werden, laden zum Hinlegen ein, um die Beine zu entlasten. An einer Spirale – oder mehrere miteinander verbunden –, die bis zum Boden reicht, kann ein Vogel leicht emporklettern, um nach oben zu gelangen. Wichtig ist, dass Futter- und Wassernapf für den Klettermax immer leicht zu erreichen sind.

GUT GEPOLSTERT

Abstürze lassen sich entschärfen, indem der Volierenboden oder der Bereich der Freisitze z. B. mit Luftpolsterfolie oder Handtüchern ausgelegt wird. Anschließend kommt eine Schicht Zeitungs- oder Küchenpapier darüber, um das Polster vor Verschmutzungen zu schützen. Auch Decken, fester Schaumstoff, Moosgummi, oder dicke Teppiche federn Stürze ab. Achten Sie darauf, dass die Vögel nicht mit ihren Krallen am Untergrund hängenbleiben können beziehungsweise, dass die Materialien unbedenklich sind, sollten sie angeknabbert werden. Verändern Sie die Einrichtung möglichst nicht mehr, wenn eines der alten Tiere, seine Sehkraft verloren hat. Meistens finden sich die Vögel in ihrer gewohnten Umgebung gut zurecht, solange alles unverändert bleibt.

WENN DAS LEBEN ZUR LAST WIRD

Trotz Behinderung oder Krankheit kann ein Vogel mit Hilfe der Medizin und liebevoller Fürsorge meist noch ein fröhliches und lohnenswertes Leben führen. Doch was ist, wenn das Leben eines Tieres nur noch aus Schmerz und Leid besteht? Wenn nicht mehr sein Leben, sondern sein Sterben in die Länge gezogen wird? Ein kranker und schwacher Wildvogel würde nicht lange überleben. Doch in Menschenobhut kann ein schwerkrankes Tier noch lange am Leben gehalten werden und das nicht immer zu Gunsten des kleinen Mitbewohners.

Ausstattung für kleine Fußgänger anpassen.

Auch wenn die Entscheidung schwerfällt, sollte man sich die Frage stellen, ob man seinen gefiederten Freund nicht einschläfern lassen sollte, um ihn von seinen Qualen zu erlösen. Dabei ist es hilfreich, die Lebensqualität des kranken Tieres möglichst objektiv einzuschätzen, auch ein Tierarzt des Vertrauens kann zu Rate gezogen werden. Ist eine Besserung in Sicht? Hat es Schmerzen (oft nicht leicht zu beurteilen)? Kann es sich gut bewegen? Nimmt es noch am Schwarmleben teil? Kann es sich selbstständig ernähren und sein Gefieder putzen?

Als Wellihalter kann man eine tiefe Bindung zu seinem Tier aufbauen, entsprechend schmerzhaft ist der Abschied. So traurig es auch ist: Sein Tier gehen zu lassen und von einer leidvollen Last zu befreien, ist ein letzter Freundschaftsdienst, den man seinem gefiederten Freund erweisen sollte.

Service

— Wissenswertes für Wellensittichhalter

ZUM WEITERLESEN

Birmelin, Immanuel: **Mein Wellensittich.** Gräfe und Unzer Verlag.

Castro, Ann M.: **Die Vogelschule.** Clickertraining für Papageien, Sittiche und andere Vögel. AdlA Papageienhilfe GmbH

Dühr, Doris: **Notfallhilfe für Papageien und Sittiche.** Arndt Verlag

Größle, Bernhard: **Wellensittiche.** Halten, pflegen, beschäftigen. Kosmos Verlag

Sonnenschmidt, Rosina und Marion Wagner: **Vögel.** Die Grundlagen der vier wichtigsten Heilwesen: Homöopathie, Bachblüten- und Farbtherapie, Akupunktur und Akupressur. Ulmer Verlag

Spohn, Roland und Margot und Dietmar Aichele. **Was blüht denn da?** Das Original. Kosmos Verlag

Wullschleger Schättin, Esther: **Wellensittiche verstehen und artgerecht halten.** Nature Themes

Zeitschriften

Papageienzeit, Papageienzeit Verlag Ltd.

WP-Magazin, Arndt Verlag

ZUM WEITERKLICKEN

WELLENSITTICHHALTUNG

www.vwfd.de

Der Verein für Wellensittich-Freunde e. V. bietet kompetenten Rat rund um Wellensittiche an. Im Forum kann man sich mit anderen Wellensittichhaltern austauschen (Vermittlung von Abgabevögeln, vogelkundige Tierarztliste u. v. m.)

www.birds-online.de

Ausführliche Seite mit vielen Infos rund um die Sittiche.

FUTTER UND AUSRÜSTUNG

www.ricos-futterkiste.eu

Angebote für Papageien und Sittiche. Hier findet man Futtermischungen, Einzelsaaten, Hirse und viele weitere Vogelsnacks in bester Qualität. Auch Spielzeuge werden in großer Anzahl angeboten.

www.futtermittel-jehl.de

Online-Futtermittelhändler für Heimtiere mit großem Angebot für Vögel.

www.bird-box.de

Hier findet man alles rund um die Vogelhaltung: Volieren, Käfige, Spielzeuge, Einstreu, Futter und vieles mehr.

www.biofuttershop.eu

Ein großes Angebot an ökologischen Körnermischungen, Einzelsaaten, Gemüse und Rispen findet man auf dieser Homepage, aber auch Tees, Sitzgelegenheiten und Spielzeuge.

www.vogelgaleria.de

Hier bekommt man Spielplätze, Sitzstangen und Kletterbäume für Wellis.

www.parrotshop.de

Hier kann man alles zur Vogelhaltung bestellen.

AUSSEN- UND EDELSTAHLVOLIEREN

www.wellivilla.de

Außenvoliere geplant? Hier finden Sie Anregungen zur Planung und zum Bau einer Außenvoliere.

www.volierenbau.de

Sie möchten eine supertolle Voliere, individuell auf Ihre Bedürfnisse abgestimmt? Hier werden Sie fündig.

www.giftpflanzen.ch

Pflanzendatenbank der Universität Zürich

www.vogeldoktor.de

Auf dieser Homepage werden vogelkundige Tierärzte genannt.

DANKE

Von ganzen Herzen möchte ich meinem Mann Gerald und meinen lieben Freunden Tanja und Volker Towarnicki danken, die mich ermutigt haben, dieses Buch zu schreiben und mir dafür stets den Rücken frei hielten. Es ist einfach nur wunderschön, Euch zu haben. Mein besonderer Dank gilt auch dem VWFD e. V. Die Hilfsbereitschaft, der Zusammenhalt und der unerschöpfliche Enthusiasmus der Menschen dieses Vereins, etwas für die Wellis zu bewegen, ist grandios und beeindruckt mich immer wieder.

Ein herzliches Dankeschön geht an Dr. Gerd Britsch, Vogel- und Reptilienpraxis Karlsruhe für die freundliche Unterstützung bei den medizinischen Themen. Ebenso an Alice Rieger, es ist immer eine Freude, mit ihr zusammenzuarbeiten, und trotz der vielen Arbeit bleibt immer noch Zeit für persönliche Anekdoten und erfrischende Späße. Des Weiteren gilt mein Dank jenen, die ihre Fotos für das Buch zur Verfügung gestellt haben.
Und nicht zuletzt an meine Wellis, die mich beim Schreiben musikalisch begleitet haben.

REGISTER

BILDNACHWEIS

108 Farbfotos wurden von Lisa Rassat-Beck/Kosmos für dieses Buch aufgenommen. Weitere Farbfotos von Oliver Giel (4; S. 1–2 Mitte, 24/25, 27, 153 r.), Claudia Sissi Jung (31; S. 18, 19, 20 beide, 21 u., 38, 39, 40 alle 3, 41 beide, 52 u., 69, 71 r., 78, 79 beide, 81, 87 o., 89, 90, 91, 96 beide, 97, 109 l., 109 u.r., 125 o., 140, 142), Ramona Kubal (6; S. 75, 95 alle 4, 116 o.), Alice Rieger (1; S. 117 l.), Uwe Ross (4; S. 21 o., 32, 33 beide), Ajsa Schenkel (3; S. 88, 110, 111), Roland Seitre (4; S. 11, 12, 14, 15), Shutterstock©Papuchalka (1; S. 17), Tierfotoarchiv-Drewka/Kosmos (9; S. 30, 31 beide, 71 o., 72, 73, 102/103, 106, 136/137).

Die Filme wurden von Dr. Evelyne Fiedler, Science&Art, Wissenschaftliche Medien gedreht.

IMPRESSUM

Umschlaggestaltung von GRAMISCI Editorialdesign unter Verwendung eines Farbfotos von iStock@Kimmik69 sowie eines Fotos von Shutterstock©Lee319 (U4) und 6 Farbfotos von Lisa Rassat-Beck/Kosmos (Klappen)

Mit 171 Farbfotos.

Gedruckt auf chlorfrei gebleichtem Papier

ISBN 978-3-440-14706-1
Redaktion: Alice Rieger
Gestaltungskonzept: Peter Schmidt Group GmbH, Hamburg
Gestaltung und Satz: Katrin Kleinschrot, Stuttgart
Produktion: Eva Schmidt
Printed in Slovakia / Imprimé en Slovaquie

FSC
www.fsc.org
MIX
Paper from responsible sources
FSC® C084279